大型活動的
組織與管理
ORGANIZATION AND MANAGEMENT

第二版 杜學 主編

專案企劃 × 現場勘驗 × 時間協調 × 人資流動 ×
市場行銷 × 風險控制，首次舉辦展覽就上手

▶ 學習大型活動的科學管理法，掌握成功策劃背後的技巧
▶ 分析活動對當地發展的影響，討論如何提升地區吸引力
▶ 透過經典案例研究，顯示時間管理與技術掌握的關鍵性
▶ 系統介紹市場行銷與協調策略，助力專業人士運籌帷幄

從上至下、由內而外的全方位策略，
讓大型活動在競爭激烈的市場中脫穎而出！

目錄

第 9 章　大型活動的風險管理

第 1 章
大型活動概念體系

◆本章導讀

　　本章主要涉及大型活動的概論性知識。在本章學習中，應該注意理解活動、大型活動、巨型活動、代表性活動等概念界定，並在此基礎上掌握活動在政治、物質環境、旅遊等諸多方面的正負面影響，尤其要深刻領會活動與旅遊、目的地發展之間的關係。簡要了解活動發展趨勢，領會這些發展趨勢對大型活動管理專門人才的需求意義。

　　1955 年華特・迪士尼（Walt Disney）在加利福尼亞州安那翰的迪士尼樂園開業的時候，遇到了一個如何讓成千遊客快速順利離開樂園的問題。因為遊客離園速度緩慢，樂園不得不延長開園時間，而這段延長的時間對樂園來說不產生收入報酬卻又不得不增加薪水開支。為了解決這一問題，時任迪士尼樂園公關部主任、後來擁有最成功的活動組織與管理公司 —— 羅伯特・賈尼公司的羅伯特・加尼（Robert Jani）提出了一個能成功解決所面臨問題的方案 —— 即舉行一個他稱之為「主街電動遊行（Main Street Electrical Parade）」的晚間遊行活動。在這個「主街電動遊行」節目剛推出的時候，有記者問羅伯特・賈尼這些節目如何稱呼時，賈尼回答說：「大型活動（special event[001]）。」「大型活動？那什麼是大型活動？」記者追問道。賈尼頗有創見地對大型活動下了一個可能是最簡單且最經典的定義：大型活動就是那些不同於日常生活的事件。

---

[001] 多翻譯為「特殊事件」，因為本書所涉及內容的關係，故統一稱為「大型活動」。

第一節　活動與大型活動

一、活動的發展

在很早以前的市場上，銷售者就已經使用促銷和活動來吸引買者、促進銷售。在 1960 年代到 1970 年代左右，當零售商借助一整天甚至更長的活動來吸引成千的消費者的時候，這種情形發生了變化。肥皂劇明星、體育明星、週六實況播出中卡通角色的出現，除導致交通堵塞外，當然也推動了銷售額的成長。現在，更加精幹的零售商常常透過市場調查，運用綜合方式整合了廣告、公共關係和銷售推廣等來進行長期性的促銷活動的設計。如：將產品與慈善機構或重要的社會問題（如教育問題）建立連繫就是一種培養顧客忠誠、從而促進銷售的很好的方式。

但是，在許多國家，甚至包括一些這方面發展比較早的國家，還沒有就活動的數量、類型、分銷或者受歡迎的程度等情況進行系統的蒐集和統計。這方面的研究之所以被嚴重忽視，可能是因為休閒、文化和旅遊自近當代才被看成是一個產業或者說至少是一項重要的經濟活動，所以政府官員們長期以來對這方面資料的蒐集統計並沒有多大的興趣。

資料缺乏的另一原因是，節慶和大型活動很少被作為一個整體來考慮。過去很少會從旅遊業的角度去考慮藝術節和社區慶典，也很少會出於休閒和社區發展的興趣而去關注節慶等活動對旅遊的意義。可喜的是，這種狀況正隨著休閒、文化和旅遊領域之間的新型夥伴關係的建立而得到迅速的改觀。

　　現在已有的相關研究中，已經確立了一些量化的指標，這就為其他人在此基礎上進行更深入的研究奠定了基礎。

　　在瓦色曼（Paul Wasserman）、赫爾曼（Esther Herman）及魯特（Elizabeth A. Root）的《節慶指南》（*Festivals Sourcebook: A Reference Guide*）中羅列有北美舉行的活動的情況，1977 年的版本中統計的大型活動數目是 3,800 個，1984 年的這一數字則上升到了 4,200 個。其中包括了節慶、慶典和一些市集，但不包括縣級市集、賽馬、競技表演、選美活動和普通的假日慶祝活動。另外，國際事件行銷集團（IEG, International Events Group）在商業刊物《正式節慶、體育和大型活動目錄》（*The Official Directory of Festivals, Sports & Special Events*, 1990）中提供了豐富的相關活動的目錄，它估計在北美共有約 6,000 個年度性活動。但是很明顯，在所有這些指南和資料書中都僅僅提到了自願被列入其中的，而且多數是規模較大、組織較好的活動，而那些小的、一次性的活動往往很容易就被忽視了。

　　一些政府部門已經開始著手在他們的工作範圍內進行節日數量的統計工作。阿肯色州的公園旅遊部報告該州大約有 750 個年度的節慶活動。維多利亞·奇克（Victoria Chick）透過一項關於旅遊的調查（1983）發現，加拿大每年大約有 1,000 個節慶活動，其中絕大多數是非旅遊定位的。1988 年的加拿大旅遊目錄證實，加拿大對外國遊客具有潛在吸引力的重複性的節慶活動有 163 個。而這樣的活動美國則有 345 個。西班牙的節慶活動則超過 3,000 個，芬蘭也有 1,500 個面向國際市場的活動。報告還顯示北美國家的節慶活動絕大多數是在大城市舉行的，其中有一半或半數以上是以文化為主題的。

　　部分學者則開始了在為數不多的國家和地區進行節慶活動數量的研究工作。蓋茲（Getz D.）和弗里斯比（Frisby W.）編輯了一份加拿大安大略省的由社區組織的節日活動目錄（1988），上面列出了大約 300 個活動（涉及人口約為 800 萬）。在他們所調查的 52 個節慶活動中，大多數是最近才發起的，1970 年以前的只占 22%，41% 起源於 1970 年代，起源於 1980 至 1986 年間的占 37%。威克斯（Wicks）和瓦特（Watts）約在 1983 年對德克薩斯州的節慶及活動的調查中發現，其中多數開展的時間不到 20 年，有 38% 的是在 1973 年到 1982 年間才出現。賈尼斯基（Robert L. Janiskee）發現（1985），在南卡羅萊納州，鄉村節日活動發展迅速，這種活動的數目從 1975 年的 66 個迅速成長到了 1984 年的至少 150 個，這些活動的影響已經擴張到了全國範圍。貝德斯（Badders）發現（1984），南卡羅萊納州的許多節慶活動始於該州 300 週年紀念以及國家 200 週年紀念期間。

　　來源於其他國家的數據比較粗略。伯斯（Bos）、范坎普（van der Kamp）和祖恩（Zom）發現（1987），荷蘭的大型活動從 1977 年到 1984 年間已由 1,080 個增加到了 1,345 個。漢納（Hanna）發現（1981），英國在二戰前僅有不到 12 個藝術節活動，而到了 1981 年這個數字已經超過了 200 個；《大不列顛年鑑》（1989）顯示的數字則為 700 個。米爾魯普（Mirloup）發現（1983），由於鄉村社區的衰退和年輕人有了更多的休閒選擇，法國傳統社區節慶活動數量在減少，但資金募捐型的大型活動，尤其是在旅遊地區中與食物和酒水方面有關的活動數量卻有了新的成長。

　　在這些研究中有個重要的問題在於定義方面。蓋茲和弗里斯比發現，在匯編目錄中列舉的活動、節慶或類似概念及術語，在使用時無法

確保其定義的完全可比性。在統計某一類節慶活動的數量時也遇到類似的困難。藝術節的界定需要包含數量和藝術內容的類型，因為絕大多數的節日和特別節慶活動都包含有音樂、舞蹈或其他的娛樂活動。體育活動的界定要複雜一些，因為其中需要區別其與一般競賽的不同以及它所包含的一些特殊之處。

在現代社會裡，我們每天都可以看到數不勝數的活動發生著，而且它們大多數是私人性質的、沒有被記載的；而那些為了引起廣泛關注而舉行的活動又因其非自發、不具「真實性」的原因而被稱為「假事件（pseudo event）」。在旅遊業中具有特殊意義或特定目的而舉行的活動是有計畫的活動，這些活動要麼是一次性的，要麼是定期的，往往本身就是特殊的行銷策略或目的地整體行銷計畫的組成部分。一次性的活動由於其稀缺性以及基於這種一次性特點所引致的緊迫性形成了它們的吸引力的來源，而定期舉辦的活動則由於固定的時間、特殊的背景、相關的節目、特定的管理以及參與活動的觀眾的原因而具有一種獨特的氛圍。

在這些經過精心策劃的活動的名錄中包括：一般節慶、狂歡節、宗教儀式、遺產紀念（heritage commemoration）等文化慶典，音樂會及其他表演、展覽、頒獎典禮等藝術和娛樂活動，展銷會（fairs and sales）、貿易展（consumer and trade shows）、博覽會（expositions）、會議（meetings and conferences）、籌款募捐等商業及貿易活動，職業和業餘的體育競技、研討會（seminars and workshops）、學術會議（clinics）、說明會（interpretative events）等教育科學活動，就職典禮、貴賓來訪等政治活動等等。

▇ 二、大型活動的概念與分類

（一）大型活動

　　強尼艾倫等（Johnny Allen et al.）指出（2002），大型活動往往指經過精心計劃而舉辦的某個特定的儀式、演講、表演或慶典，大型活動象徵著某個特殊場合或要達到的特定的社會、文化或社團的目標或目的。大型活動可以包括國慶節和慶典、重大市民活動、獨特的文化演出、重要的體育賽事、社團活動。但是如果深入分析活動與大型活動之間的差別的話，大型活動的清晰內涵應該包括：大型活動是一次性的、不會再重複發生或至少不是經常發生的。比如某個節慶（festival）可以是一次大型活動，但並非所有的大型活動都是節慶[002]。

　　最常見的特大型活動是諸如錦標賽、運動會和奧運會之類的體育活動。這些體育活動中可能含有娛樂或休閒成分[003]，但這並不妨礙它的特殊性，因為它或者對於活動組織管理者或者對參與該項活動的消費者而言是特殊的。當然或許活動的主辦方、組織管理者和參加活動的消費者就活動的特殊性會存在不同的看法，主辦方看成特殊活動／大型活動的活動，在組織管理者而言，可能並不那麼特殊，組織管理者覺得特殊的活動，可能消費者並不覺得它與其他的活動相比有什麼特殊之處。

　　因此給出一個工作性的定義是非常必要的，儘管這樣的工作性定義可能無法完全涵蓋術語涉及的所有的特殊性表現。蓋茲給出了一個工作

---

[002] 加拿大政府旅遊辦公室（1982）指出，節慶通常每年舉辦，而大型活動通常是一次性的；澳洲南澳洲旅遊局（1990）則指出這種區分方法過於模糊，兩者的區別應該從公共性入手，他們認為，對於節慶而言，公眾是參與者，對於大型活動而言，公眾是觀眾。

[003] 1994 年世界盃足球賽的狂熱在全美眾多地區都帶來了令人興奮的、顯著的收入。在此項偉大的賽事之前、之中與之後，大量的活動被用來吸引、贏得、刺激觀眾對他們所喜愛的球隊的支持，而不管比賽的結果如何。實際上，由於體育運動之前往往有表演、之後往往又有煙火表演或音樂會，體育運動與娛樂之間的界線已經越來越模糊。

性定義（1997），他認為，特殊活動／大型活動是在主辦者或組織者經常碰到／舉辦的活動或專案範圍之外的、一次性或至少不是經常發生的活動；對於消費者而言，特殊活動／大型活動意味著一次在日常生活體驗選擇之外的休閒、社交或文化 [004] 等方面的體驗機會。

加拿大旅遊情報全國工作組（National Task Force on Tourism Data in Canada）則提出了另一套劃分大型活動的標準和表現特徵（1989）[005]：

- ◆ 對公眾開放；
- ◆ 主要目的是慶祝或展示一個特定主題；
- ◆ 一年舉辦一次或者舉辦頻率更低；
- ◆ 有事先確定的開幕和閉幕日期；
- ◆ 沒有永久性的組織結構；
- ◆ 包括多個單獨的活動；
- ◆ 所有的活動都在同一區域舉行。

我們知道，產生這種特殊性的要素在於活動內含的精神、獨特性、品質、真實性、好客傳統、主題和象徵意義。但是，由於特殊活動／大型活動與活動舉辦地旅遊發展的密切關係，因此，在了解了「是什麼因素鑄就了活動的特殊性」的問題之外，還應該進一步了解與特殊活動／大型活動相關的問題。如：特殊活動／大型活動在目的地旅遊發展進程中有著怎樣的潛在、獨特作用？如何將這些特殊活動／大型活動發展成為目的地（旅遊）發展的吸引物？甚至還有，這些特殊活動／大型活動究竟在休閒、文化體驗以及城市轉型再生過程中扮演了什麼樣的角色？

---

[004] 比如在奧運會中都會有文化活動方面的預算：洛杉磯奧運會為 0.115 億美元、巴塞隆納奧運會為 0.59 億美元、亞特蘭大奧運會為 0.25 億美元、雪梨奧運會為 0.3 億美元。
[005] 但這套標準也將一些重要的活動排除在外了，如：交易會和展覽會 —— 要依賴永久性設施；巡迴性展覽 —— 主辦地不固定；商業會議或政治峰會 —— 不對公眾開放。

尤其是，對處於特殊的發展策略以及特殊的發展時期中的國家，特殊活動／大型活動對於資源型城市等的轉型具有什麼樣的作用？特殊活動／大型活動能夠創造相當數量的暫時性就業或非全職性就業[006] 機會，因此對處在轉型中的國家的就業問題的解決，究竟可以造成什麼樣的作用？等等，這些都是在研究或判斷特殊活動／大型活動以及研究特殊活動／大型活動的作用時應該進一步加以研究的問題。

（二）巨型活動

與特殊活動／大型活動相關的還有巨型活動（Mega-event）和代表性活動（Hallmark event）等概念。

雖然從字面上我們可以形成對巨型活動的大致印象：巨型活動就是意味著龐大的活動規模。我們也知道像世界博覽會和奧運會這樣的活動完全可以稱得上是巨型活動。那麼年度性的節慶呢？某些具有重大政治意義的活動呢？因此，在這裡有必要對巨型活動的概念進行一番梳理。

馬里斯（Marris）在國際旅遊專家協會（International Association of Tourism Experts，簡稱 IATE）以巨型活動及巨型吸引物為主題的會議上指出（1987），巨型活動可以根據活動的參觀人數、花費及其聲譽影響來界定。從規模上看應該有超過 100 萬的參觀人數，從活動費用上看花費不應少於 500 萬加拿大元（或 7.5 億德國馬克或 25 億法郎），從聲譽影響上看它應該是一次對參觀者來說非參與不可的活動。他同時認為，聲譽影響是使得巨型活動能否通過政治當局核准的重要因素。

---

[006] 如奧運會創造的建築業的就業需求可能持續數年，旅遊就業需求持續時間可能與奧運會對旅遊業影響的持續時間相關，有些職位可能只能維持幾個月甚至奧運會舉辦那幾天。當然也有學者在進行實際調查研究後認為短期內由大型活動創造出的就業機會可能被高估了，因為在大型活動舉辦的短期內僱主們主要是透過更好地利用現有員工的方法來滿足大型活動下的需求的（Faulkner, 1993; Arnold et al. in Crompton, 1994）。

　　同樣是在該次會議上，也有一些人傾向於透過活動所產生的經濟效益而不是從活動的規模、成本、形象等方面來界定。范霍夫（Vanhove）和威特（Witt）特別強調了巨型活動應該能夠吸引全球大眾的注意（1987）。而且此次會議的一項主要成果也與此有關。會議認為，巨型活動與巨型吸引物是一對非常相近的概念，活動應該有助於使吸引物更具有報導價值。

　　魯尼（Rooney）從體育活動的角度研究了巨型活動（1988）。他認為所有的體育類型的巨型活動都具有以下一些主要特徵：「承載著傳統（Loaded with tradition）」（即便像「超級盃」賽事這樣相對較新的活動）、有著某種神祕色彩或至少有某種神祕成分、獲得媒體尤其是國際傳媒的廣泛關注、多與諸如遊行及節慶等活動同時舉行、（有時）在像 Hallowed Ground 這樣的特殊地點舉行。西元 1780 年德比伯爵所創立、每年 6 月的第一個星期三在倫敦附近的薩里郡埃普索姆（Epsom）舉行的英國的大賽馬會德比（Derby）就是這樣的一項活動。

　　如前所述，活動旅遊已經成為現代旅遊經濟的一個重要組成部分，為此從旅遊業的角度看，所謂的巨型活動（在這個意義上也是巨型吸引物）必須考慮其吸引力。在這裡，我們要考慮的是，如果一項耗資巨大、聲譽很高的世界性的博覽會只能吸引為數不多的旅遊者的話，那它就是一個失敗，至少從旅遊業的角度看是這樣的。既然我們知道多數節慶和活動的參加者是本地的或者地區性的人群，那麼界定巨型活動時就應該更加注重參與該項活動的過夜旅遊者所占的比例和數量。比如從省（州）際或國際旅遊者角度來衡量，如果一個地區或城市至少有 20% 的過夜人數是活動參與者的話，則巨型活動應該是指那些能夠吸引在一個地區或城市過夜人數的 40% ～ 50% 來參與其中的活動。以下兩個定義就是重點考慮了巨型活動的旅遊影響層面。

霍爾（Hall）認為（1992），巨型活動是指那些以國際旅遊市場為明確目標的活動，主要從參與活動的人數、目標市場、公共財政介入水準、公共影響、媒體報導程度、相關設施建設以及對東道國或地區的經濟社會結構所產生的影響來衡量。這樣的巨型活動主要有世界博覽會、世界盃或奧運會[007] 等。

表 1-1 1984 年夏季奧運會和 1988 年冬季奧運會的經濟影響

項目	洛杉磯奧運會	卡加利冬季奧運會
電視轉播權收入（億美元）	2.25	ABC:3.09；其他轉播商 0.1
企業贊助收入（億美元）	2.50	1.87
現場觀眾收入（億美元）	0.175	0.02
電視觀眾收入（億美元）	15	15
志願者（人）	40,000	22,000
經濟影響（億美元）	33	4.49（卡加利）；6.50（加拿大其他地區）
利潤（億美元）	2.15	0.29

資料來源：國際奧委會網站

蓋茲對巨型活動的定義則是這樣的（1997）：巨型活動的參加人數應超過 100 萬人次，投資規模應不少於 5 億美元，從聲響影響看它應該是一個「必看的」活動；從規模和重要性角度看，則巨型活動是指那些能為東道國或地區創造很多高水準的旅遊機會、受媒體關注和報導的程度很大、為其聲望影響或經濟收益帶來巨大好處的活動。蓋茲還指出，所謂巨型其實是

---

[007] 根據 Foundation for Economic and Industrial Research（2000）研究，就 1992 年巴塞隆納奧運會（1987 － 1992）對西班牙直接影響而言，經濟影響為 96 億美元，創造就業機會 59,328 個；1996 年亞特蘭大奧運會的相應數據（1991 － 1997 對喬治亞州影響）則分別為 51 億美元和 77,026 個；2000 年雪梨奧運會的相應數據（1994 － 2006 對新南威爾斯州影響）則分別為 43 億美元和 99,500 個。

一個相對的概念，因為對於一個小規模的社區而言，任何一項活動都可能會產生非常大的影響；活動本身雖然沒有帶來大量的旅遊者，但是由於媒體傳播方面的原因，對其的宣傳報導也有可能達到甚至全球性的涵蓋率！

（三）代表性活動

　　梅耶（Meyer）根據主題活動將劃分為從農業類活動到冬季狂歡節等多種類別（1970），在這些分類中特別包括了一個社會性節慶的類別，這就是後來所稱的代表性活動。里奇（Ritchie）認為（1984），代表性活動是指那些一次性或在有限的時間內可重現的活動，舉辦這些活動的主要目的是為了在短時間內／或可長遠地增加對旅遊目的地的認知、增加目的地吸引力、獲取更多的經濟收益，至於這些活動能否成功地形成影響、增加被注意的程度則主要取決於活動本身的獨特性、聲望影響以及與時代價值切合的程度。

　　這類活動多出於宣揚共性的目的，並且與特定的地點存在著越來越密切的連繫，以至由於與活動舉辦地的鄉鎮、城市或地區的精神或風氣高度吻合，從而成為了這個地方的代名詞。現在有很多社區和地區都希望舉辦一個或多個這樣的活動，並藉這些活動所帶來的高度的媒體曝光率和積極形象的塑造來提升它們的競爭力。

　　如同以前出於商業、貿易或宗教的原因進行集會一樣，現在的人們借助節慶、展覽會和公眾活動進行聚會。無論是印度的宗教節日還是美國的音樂節之類的豐富多彩的公眾社會活動都屬此類。活動往往透過表演、藝術和手工藝展示以及其他一些媒介方式來帶給與會者和觀眾富有意義的體驗經歷。正是由於大小城鎮都希望透過短期活動來增加他們的旅遊收入，節慶和展覽會已經取得巨大的發展。有些鄉鎮透過舉辦這些活動以繁榮淡季的旅遊市場，有些則透過在週末舉辦這些活動以吸引休

閒旅遊者。無論是什麼原因，在為活動與會者和觀眾提供深層意義的同時，展覽會（通常不是營利性質的但存在著商業機會）和節慶（完全出於非營利性質）也向相關組織者提供了廣泛宣傳他們的文化的機會。

因此相應地，只有在談論那些主要因為某些活動而廣為人知的社區或目的地，或者是由於該項活動具有強大的表現力以至於活動本身成為這個地區的旅遊主題的時候，代表性活動這個概念才具有最佳的使用意義。

蓋茲則認為（1997），代表性活動用於描述一個重複發生的活動，由於其在傳統性、吸引力、形象或知名度等方面的突出表現而增加了東道國或地區的競爭力。因此在一定程度上可以說，如果僅僅是一次性的活動，則很難成為目的地的代表性活動。那種可重複的代表性活動有許多，如紐奧良四旬齋前的懺悔節（Mardi Gras）、安大略史特拉福的莎士比亞節（由於莎士比亞節的巨大成功而成了該地的旅遊主題）、蘇格蘭的愛丁堡文化節、里約熱內盧的狂歡節、肯塔基的賽馬會、切爾西的花展等。

在真正定義或分析代表性活動時同樣要碰到度量標準的問題。有人認為，代表性活動與一般活動的區別在於其影響力，如伯恩斯（Burns）、海奇（Hatch）和莫里斯（Mules）認為（1986），只有那些對相關產業 —— 住宿、運輸、娛樂、商業等 —— 帶來相當規模的經濟拉動的活動，才可被認為是代表性活動。伯恩斯和莫里斯指出（1986），「大型活動……有時也被稱為代表性活動……是那些能夠產生較大的外部收益預期，並且由於外部收益被廣泛分配，亦或舉辦成本十分巨大，投入資金的一部分或全部來源於公共部門的活動。」在這個意義上，伯恩斯和莫里斯將大型活動或代表性活動的特點進行了歸納（1986）：

- 大型活動或代表性活動所促生的絕大多數需求不是對活動本身的需求，而是一系列對相關服務的需求，特別是住宿、餐飲、交通和娛樂等；

- 由於這種需求被壓縮在一個相對較短的時期 ── 從幾天到數週不
  等 ── 內實現，並且由於服務不能提前生產和儲存，從而導致了相
  關服務業的「高峰（Peaking）」效應；
- 「高峰」效應會影響活動舉辦地所得收益的數量和分配；
- 如果是將當地資金再分配而用於活動投入，則淨影響相對較小，因
  而活動的主要利益就來自於商品和服務（主要是服務）輸出而從區
  域外吸納到的資金。

三、活動的影響

活動會對主辦社區以及其他諸多利益相關者產生多種影響，確定這
些正面和負面的影響並對之實行有效的管理，從而使活動從總體上更具
積極意義，是大型活動管理的重要內容和目標。

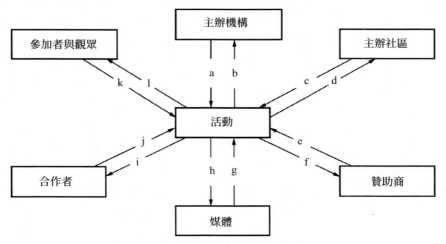

圖 1-1 活動與利益相關者關係

a. 管理；b. 目的；c. 背景；d. 影響；e. 金錢或財物；f. 致謝；g. 推廣；h. 廣告；i. 報
酬或獎勵；j. 勞工或支持者；k. 參與或支持；l. 娛樂或獎勵

　　儘管出於評估的方便性以及其他諸多方面的原因，財務（經濟）方面的影響是被強調得最多的，但是現有的研究已經對活動從經濟影響、旅遊／商業機會、物質環境影響、政治領域影響、社會文化影響等諸多方面進行了卓有成效的研究。

表 1-2 活動的正負面影響

影響類型	正面影響	負面影響
經濟影響	更高的經濟產出 創造就業機會 提高生活水準 增加稅收收入	物價上漲 造成機會成本 房地產投機 資本短缺
旅遊／商業影響	促使本地成為旅遊目的地 增加與在本地進行投資和商業活動相關的資訊 創造新的接待設施和旅遊吸引物 改善可進入性 增加旅遊者訪問量 延長旅遊者停留時間 平衡淡旺季	失去「真實性」 因設施不足或運行非合意性而損害聲譽 因通貨膨脹而引起社區對旅遊業的抵制 人力資源和政府相關支持等方面的壓力增加而導致消極反應
物質環境影響	建設並留下新的基礎設施 改善交通通訊等設施 城市改造和更新 增強環保意識 為最佳模式提供「試驗田」 為遺產保護提供了資金和新嘗試	生態破壞 噪音、廢棄物等汙染 建築汙染 歷史遺產的破壞 交通堵塞

社會文化／心理影響	提高當地居民對活動的參與水準以分享體驗 恢復傳統的活力並強化傳統及地方價值觀 擴大文化視野 形成社區自豪感並強化社區精神 引進外來的新知識和理念	社區被異化 社區被操縱以適應旅遊需要 社會結構發生變化 犯罪率上升 社會混亂 文化休克 居民與旅遊者間不同程度的對立
政治／管理影響	提高主辦的國際聲望 推廣主辦地的價值觀 增強社會凝聚力 提高規劃和行政管理等方面技能	面臨活動失敗的能力風險 未能滿足政治精英野心而剝削當地居民 社區所有權和控制權喪失 管理成本增加 官員腐敗等現象滋生 強制推行沒被廣泛接受的決策

（關於活動與旅遊之間的正面關係的詳細分析見本章第二節）

第二節　活動與旅遊

一、活動與旅遊的基本關係

在現代旅遊和地區經濟發展進程中，活動旅遊（event tourism）已經成為一種非常重要的現象。在那些不具備相應的能夠吸引大型會議的地區已經逐步轉向將活動旅遊作為開發淡季和週末市場的重要形式。不管它是採取藝術和手工藝展示的方式還是歷史再現的方式、舉辦音樂節還是其他什麼別的形式，總之，已經有越來越多的地區透過這些活動的舉辦獲得了相應的利益。從納稅人到政治領導人以及商業領袖，已經有越來越多的利益相關者介入到旅遊中來了。

美國會展業對其國民經濟的貢獻達 800 億美元以上。由於 1950 年代噴氣式飛機的廣泛使用，成千上萬的與會者借助飛機參加三到四天的會議，這使得會議的數量大大地增加了。這些眾多的會議中主要的一部分是可以給協會成員或公司職員提供建立關係網路的教育性的研討會。不管是公司的活動也好，協會的活動也好，經濟的全球化已經推動了國際會議的顯著增加。這種增加的結果是使得為這些會議組織、策劃和管理的活動管理者也經常在國內外進行旅行，從而在被會議舉辦地的旅遊吸引物吸引的同時，反過來也刺激了旅遊業的發展。

在這裡我們或許能夠發現，雖然實況轉播在一定程度上推動了大型活動的發展，但是旅遊收入的積極影響對大型活動的發展所產生的推動作用可能更大一些。而且對可持續旅遊的推崇也將有助於活動在文化專案以及生態旅遊專案中有出色表現。因為活動本身並不必然要求基礎設施建設，活動的舉辦能夠在一定程度上滿足本地居民的休閒需求，從而使他們減少一些不必要的旅行，因此活動的舉辦可能是一項具有很好環境適應性的對環境友善的經營實踐，而且也將對文化和環境的保護做出積極貢獻。

因此，如何吸引旅遊者就是活動組織管理者需要考慮的一個重要的問題。雖然在發展的現實是，並非所有的節慶和活動都能真正成為旅遊吸引物或目的地形象的塑造者，而且實際上許多活動的組織者也很少關注活動在這些方面的前景，許多活動並沒有如活動舉辦方或投資者所預期的那樣成為有價值的社區慶典，並沒有真正成為社區發展的催化劑等等。這些活動之所以沒有造成他們應有的作用，沒有能夠引起足夠多居民或旅遊者的興趣，其主要原因往往還是由於活動舉辦方沒有進行縝密的規劃和行銷。除了活動組織和管理專家們所熟知的常見的管理和規劃差錯之外，可能還有如下方面的原因：沒有充分注意到節慶和活動的多重角色、多層意義以及多方面的影響；沒有能夠有效地將活動的行銷與目的地方面的其他的規劃和行銷計畫密切結合；沒有充分意識到活動在目的地產品開發、行銷以及目的地形象塑造方面的作用；由於缺乏關於活動參與者需求的足夠的資訊使得活動組織管理者無法細分出有潛力的市場，並做出有效的針對性強的行銷努力等等。

儘管如此，對一名高效的成功的活動舉辦方來說，他還是應該將以下兩點作為考慮的關鍵：

◆ 將大型活動作為目的地吸引物、目的地除旅遊之外的其他方面發展
　的催化劑、目的地形象的塑造者、現有吸引物和整個目的地地區的
　「鼓動者（animator）」來進行系統的規劃、開發與行銷；

◆ 在整個市場構想中應包括那些為參加活動而旅遊的旅遊者和那些離
　家在外旅行而可能被激發來參加活動的人群。

　　為此，整體而言，活動旅遊（event tourism）的策略應該注意以下方
面：立足於將代表性活動發展為目的地的核心吸引物的策略高度來籌劃
和推廣活動，圍繞活動的主題來進行目的地形象和包價旅遊產品的設計；
透過舉辦非經常性的巨型活動來吸引旅遊者，吸引公眾注意或者將舉辦
非經常性的巨型活動作為推動基礎設施改善的催化劑；積極申辦競技運
動會和藝術展，以便透過它們來增加目的地的吸引力及公眾對目的地的
關注；透過已有活動或舉辦新的活動的方式來舉行主題年活動；提高社
區活動的多樣性和品質；透過活動舉辦來增加度假地和旅遊設施的訪問
和利用價值；透過活動在對目的地的再定位及修正（correct）非意願形象
（an undesirable image）方面的作用而對新聞傳播（也就是媒體關係）進
行有效管理。

二、活動與目的地發展

　　正如前面所分析的，節慶和大型活動可以在目的地發展過程中扮演
一系列重要的角色 [008]，同時也可以在旅遊可持續發展的新潮流中形成特
殊的作用 —— 節慶和大型活動作為保護敏感的自然或社會環境的規劃和
控制機制的重要環節或手段而發揮重要作用。

---

[008] 就奧運會來說，雪梨奧運會是第一屆將旅遊作為主要目的的奧運會（詳細請參見表 1-3）。

（一）活動與目的地吸引力

　　活動旅遊的最重要也是最基本的作用就在於吸引旅遊者。吸引旅遊者前往某特定地區的引力就是旅遊吸引力。旅遊吸引力又可以進一步分為兩個方面，其一為從本源上吸引旅遊者前往某個地區進行旅遊活動；其二為旅遊者在某地進行相關的旅遊或旅行活動時提供某些活動專案吸引這些旅遊者參與其中。而吸引力的來源在於能夠給參與者提供旅遊體驗的物質性的設施。但是就節慶和活動而言，對其吸引力問題需要給予特別注意，因為它的吸引力不僅與特定的物質設施有關，而且與其他一些因素密切相關，如擁擠的人群或服務和娛樂方面的因素等可能對於營造一種特殊而良好的氛圍顯得更為重要。

表 1-3 奧運會的主要策略目標

奧運會年分與主辦地	主要策略目標
1984，洛杉磯	將奧運會本身辦好
1988，首爾	韓國對外開放策略的核心組成部分，用來展示韓國在世界政治和經濟體系中民主、開放的新定位、新形象
1992，巴塞隆納	促進加泰隆尼亞地區的經濟復興，實施巴塞隆納城市更新
1996，亞特蘭大	為本區域增加新的商業活動，例如會展等大型活動；吸引企業進駐亞特蘭大（尤其是美國國內的企業及商務活動）
2000，雪梨	促進國際旅遊業發展和吸引區域性（亞太地區）商務活動，提高雪梨作為國際都市的地位和吸引力
2004，雅典	將雅典「再造」成現代化城市，促進旅遊業發展

表 1-4 當地節慶對遠距旅遊的重要性

選擇的目標市場	重要性（%）	參加當地節慶的人群比重（%）	
		認為節慶很重要的人群	所有遠程旅遊者
日本	18.0	23.0	16.0
原西德	9.0	55.0	47.0
英國	17.5	46.0	33.0
法國	11.5	44.0	27.0

注：是指這些目標市場被訪者認為節慶有點重要或非常重要而且參與了遠距旅遊的比重
資料來源：加拿大旅遊局

　　的確，活動本身並不一定要成為吸引人們出遊的重要因素，但是當人們出門在外時總希望「找點事情做」，或者雖然他到這個目的地之前並沒有想到要參加這個活動，甚至可能不知道目的地還有這樣一個活動，但是最後他確實由於這個活動本身的吸引力而參與了其中。因此，在某種意義上，活動增加了旅遊者的體驗，活動有可能使旅遊者在目的地停留時間更長、花費更多。比如新斯科細亞省（Nova Scotia）旅遊局的調查顯示（1987），參加安提戈涅（Antigonish）高地運動會及其文化活動的旅遊者的平均停留時間為 9.65 天，而總體旅遊者的平均停留時間為 6 天；前者的花費平均為 948 美元，而後者的平均花費僅為 450 美元。如果目的地的活動能夠在時間與空間上進行整體連接、群集安排，或者與目的地的其他旅遊吸引物很好地進行銜接的話，將對增加目的地的整體吸引力大有裨益。再進一步考察，范霍夫和威特發現（1987），如果該活動是巨型活動的話，則能夠為舉辦地減少相當於原有數量一半的旅遊流出，同時創造相當於原有數量一半的旅遊流入。

（二）活動與目的地季節性

　　季節性問題是許多旅遊目的地一直感到非常困惑的問題。從目前旅遊經濟發展的實踐來看，已經有許多旅遊目的地透過淡季舉辦相關活動的方法較好地解決了這個問題，大型活動甚至還成為目的地延長旅遊旺季或者形成一個新的「旅遊季」的重要手段。比如在北方地區，透過在冬季舉辦一些冬季競技體育活動、冬季狂歡以及其他一些文化節活動，完全有可能形成一個新的旅遊旺季。可以說，活動，尤其是大型活動，對緩解目的地旅遊發展過程中的季節性問題具有獨特的作用。

　　由於在不同的季節裡的資源稟賦可以形成不同旅遊產品的產品基礎，因此旅遊目的地實際上完全有可能透過不同的旅遊產品設計來緩解季節性矛盾。此外，一方面旅遊者有著更多地與目的地居民接觸、更真實地感受目的地的需求，另一方面，當地居民也往往傾向於在旅遊淡季舉行他們自己的社區性慶典活動，這就為活動緩解季節性問題創造一個非常重要的契機 —— 這時候能夠給旅遊者提供真正真實的目的地的生存狀態，而這正是這些旅遊者所期望的！而且，出於淡季降價以及希望避開擁擠人群獲得更好欣賞空間的考慮，在旅遊市場上還存在淡季天然偏好者的細分市場。這些偏好者中主要構成族群是退休者和每年不止有一次旅遊機會的高收入階層。透過活動的舉辦，完全有可能吸引他們到目的地小憩，甚至有可能使他們將此目的地作為他們度主假期（main holiday）的目的地。

　　當然，客觀地說，也並不是所有的這類策略都能夠取得成功。比如像舉辦奧運會這樣的活動，對平衡季節差異的效果就不是很明顯，而且因為舉辦奧運會的季節往往恰恰是舉辦地的旅遊旺季，因此反而可能會加劇旅遊的季節差異程度，並帶來過度擁擠。而某些成熟旅遊者可能特意迴避奧運會舉辦期間到主辦地旅遊，以免引起所謂的「擠出效應」。

（三）活動與旅遊空間擴散

　　無論從一個國家的角度還是從一個地區或者更小的目的地的角度來看，旅遊目的地的發展可能會經歷一個從極化過程到擴散過程的轉變。極化過程是一個旅遊目的地在發展初期樹立代表性旅遊吸引物（或確立優先發展旅遊地區）所必需的。但是極化過程發展到一定階段以後，就必須透過適當的策略安排和行動舉措來實現極化過程到擴散過程的轉換，否則將對目的地（國）旅遊經濟發展的深化非常不利。

　　即便大型活動或者規模及影響更小一些活動沒有足夠的「能量」來吸引國際旅遊者，它也可以嘗試吸引國內或地區內的旅遊者；如果依靠單獨的力量不足以吸引旅遊者的話，至少它們在提升某些目的地的整體吸引力、改善目的地的某些包價產品從而提高這些產品的競爭力等方面可能造成重要的作用，從而能夠幫助某些原先被忽視的目的地在與那些傳統目的地的競爭中取得一定的競爭優勢，最終促使旅遊目的地的發展實現從極化過程到擴散過程的轉換。

■ 三、活動與靜態吸引物和設施

　　在旅遊經濟發展中需要研究的重要課題還涉及如何增加度假地、博物館、歷史遺存地區、建築藝術景點、會議中心甚至主題公園等靜態吸引物及設施的吸引力的問題。如果能夠嘗試引入活動尤其是大型活動的要素的話，可望取得下面某些效果：透過一些歷史再現或文化活動來吸引那些本不打算前來的旅遊者，從而增加這些景點或設施的生命力；推動那些對遊客來說如果沒有這些活動會覺得「此生一遊足夠」的目的地變成旅遊者重遊的「故地」；推動那些本不打算遊覽這些靜態旅遊吸引物

和設施的探親訪友者來此造訪遊覽；增加對這些地點和設施的關注程度。以下將主要從度假地、歷史文化景點、會展設施等方面作簡單分析。

對於造價昂貴的會展設施來說，一個非常重要的問題就是當它們在沒有會議及展覽而被閒置時應該怎麼辦。顯然，如果這些會展設施的設計符合進行節慶和大型活動的要求的話 [009]，透過節慶和大型活動的舉辦來提高這些設施的利用率自然是很好的選擇。馬奇特里（Mazitelvi）指出（1989），主辦大型體育活動與吸引國際遊客及國際會議、會展活動是相輔相成的，舉辦體育類的大型活動可以：

◆ 有利於那些缺乏天然吸引物的地區吸引體育愛好者，並且獲得更長的停留時間和更高的花費；

◆ 有利於那些天然吸引物和接待設施良好但利用率不高的地區透過吸引體育旅遊者來增加使用率；

◆ 有利於刺激那些天然吸引物良好但接待設施短缺的地區加快基礎設施建設和升級。

如果注意一下國外的許多度假勝地，我們可以發現舉辦大型活動對度假地的發展究竟有多重要 [010]。我們都知道，冬季度假勝地以滑雪比賽著稱，但是逐漸地這些度假地希望自己能夠成為一個四季皆宜的目的地，希望獲得長久發展甚至希望自己能夠成為旅遊者的第二居所。在夏季和平季（shoulder season）舉行大型活動就成了這些冬季度假勝地吸引大眾目光、促成對其住宿設施的需求、提升自身度假地形象競爭力的理想選擇。有些冬季度假勝地也採取舉辦大型活動的方式來改善原來的目

---

[009] 實際上，許多有遠見的城市在建設這些會展設施時已經開始綜合考慮大型活動、展覽和會議等多方面的需求。

[010] 據報導，1989 年在科羅拉多斯諾馬斯村的安德森牧場藝術中心竟然安排了 70 場藝術方面的專題會議。

的地形象 —— 科羅拉多的棕櫚泉度假地（Palm Springs）就是透過舉辦
國際電影節和重大的體育賽事來改變原先給人的「只為富人和名人服務」
的形象的。1982 年出版的《大型活動報告》表明，科羅拉多的亞斯本
（Aspen）正是透過舉辦頗受歡迎的藝術節而成功地實現了這樣的目標；
而特柳賴德（Telluride）則透過一個市政府批准的夏季節慶活動成功地平
衡了冬夏季節差異的影響。柯克蘭（Corcoran）研究發現（1988），透過
獲取贊助的方式 [011]，美國新罕布夏州的沃特維爾谷（Waterville）成功地
舉辦了世界盃滑雪賽，獲得了令人滿意的媒體關注 [012] 和平季的收入、逐
漸增強了員工的自豪感，同時還幫助美國國家滑雪隊提高了競技水準。
赫爾博（Helber）則將大型活動對於度假產品的銷售和促銷策略的作用與
度假地吸引來賓和潛在的房地產買家，以及獲得媒體關注的目標連繫在
一起進行了研究（1985）。

　　像主題公園和博物館一樣，歷史和文化景點能否吸引回頭客對其最
終的經營結果是盈利還是虧損、業績是輝煌還是平庸具有截然不同的影
響。而歷史和文化景點如果繼續以傳統的靜態的展示方式來接待參觀者
的話，則這些歷史文化景點將很難吸引除了學生團隊旅遊者外的其他旅
遊者。因此，已經有許多此類景點的經營管理人員開始改變那種傳統的
簡單、靜態的展示方式，開始強調吸引物本身的動態性，試圖讓旅遊者
能夠接觸到「活生生的歷史」。這種經營方式改變發展到一定程度最終就
會演化成節慶或重要的大型活動。索本（Thorburn）研究發現（1986），
歐洲的文化歷史景點之所以能夠變得對外國遊客有越來越強烈的吸引
力，正是在於經營管理人員「將景點本身作為一個舞臺或劇院的背景」

---

[011] 如何獲取相應的贊助對非營利性活動也好，營利性活動也好，都是非常重要的。
[012] 當然電視媒體是必需的，而如何更好地與各種媒體進行良好的溝通則是各大企業尤其是旅遊
企業需要好好思考的問題。

來規劃經營。在景點舉行古裝表演、在大教堂舉辦音樂節等形式都深受歡迎。與這種趨勢相關但令人擔憂的卻是大量遊客的湧入以及這些活動本身可能對這些文化歷史景點造成破壞。馬哈尼（Mahoney）、斯波特斯（Spotts）和豪里科克（Holecek）研究了密西根州傑納西郡（Genessee）的一個為期 12 天、名為「Christmas at Crossroads」的大型活動所產生的影響（1987）。這個在每年固定日期內舉行的活動就是特意被用來吸引遊客到這個歷史性景點旅遊的。透過調查研究發現，4 萬名遊客中有近一半來自外地，有 90% 被訪者指出該項活動是他們來此旅遊的主要動因。杜瓦（Dewar）也發現（1989），大型活動是「解讀」此類歷史性景點的很有價值的工具，當然前提是這些活動必須具有創造性、能夠給遊客提供非同尋常的體驗。

四、活動與目的地形象

很明顯，活動尤其是大型活動的舉辦將對東道主地區或國家的形象塑造產生積極影響，有助於其作為潛在旅遊目的地良好形象的形成。儘管活動只是在一個相對短的時間內舉辦，但是由於全球媒體的關注，這種宣傳效應自然是巨大的。有很多目的地就單以這種巨大的宣傳效應來證明為舉辦這個活動而支付的巨大花費是值得的。也有一些目的地在出現虧損的情況下仍繼續舉辦相關活動，其目的正是希望透過持續地舉辦活動來維持一種所期望達到的形象。宣傳效應像奧運會這樣能夠吸引全球關注的巨型活動畢竟只是少數，因此其他一些大型活動就應該將吸引關注的範圍定位在國家或地區層面上，並持續舉辦這樣的活動以樹立目的地形象。

　　大型活動不僅在樹立目的地主題形象方面的確能夠發揮重要的作用，而且對那些需要努力開拓新的經濟活動的老工業基地而言，對它們樹立良好新形象能發揮重要作用。展現一個良好的形象是促進老工業基地經濟發展進程的一個必不可少的因素，而舉辦大型活動、吸引人們參與這些活動就是一種非常好的消除消極聯想的方法。因此大型活動有助於老工業基地改變舊有形象，從而有助於這些老工業基地的復興。對於「老」旅遊地區同樣如此。如奧運會這樣的巨型活動之所以能夠獲得承辦地政府的大力支持，在一定程度上正是因為它在大規模促進經濟發展的計畫中能造成催化劑的作用。而這些活動之後留下的場館將形成新的旅遊景點，為這些活動而建設的相關配套設施也可以供旅遊者使用。同時，當中心城市的復興被看成經濟發展的主要推動力量的時候，如何整合公共空地（public spaces）以及增加下班後對城鎮中心區的使用就成了關鍵問題，而活動恰已被證明是化貧瘠空地為鬧市區的推動器。

第三節　活動的發展趨勢

　　所有可以得到的指數都顯示在過去的 70 多年裡，節慶和大型活動的數量、多樣性和受歡迎程度等方面有了極大的成長。在娛樂、文化和旅遊的許多方面也是如此。毫無疑問，造成這種情況的根本原因是經濟的繁榮和追求更加休閒的生活方式的人越來越多以及全球化交流的日益增加。但是，關於這方面的研究和可靠的統計仍相當缺乏。

　　本節我們將探討活動及活動旅遊的發展趨勢、影響趨勢形成的因素和消費者研究等方面的內容。關於市場趨勢和消費者研究的討論對於後面將要討論的目的地規劃行銷以及大型活動的行銷非常關鍵。

一、活動的規模不斷擴大

　　儘管還沒有系統的證據可以用來證明這一趨勢，但很明顯的是，大量的活動無論是在活動本身的規模還是在參與的人數上都已經有了極大的成長。不幸的是，要麼是因為其開放性、免費性，要麼是因為缺乏統計的資料來源，許多節慶和大型活動都沒有被做過精確的人數統計甚至估計。另外，誇大參與人數的問題也比較嚴重，以至於組織者提供的許多數據必須謹慎對待。第三個問題在於許多活動出現的時間還不長，因此要想做一些趨勢性分析往往很難，甚至可能根本無法做。因此，在規模的擴大和參與者人數的增加方面只能找到一些粗略的數據。

豪威爾（Howell）在一篇文獻中（1982）舉了一個關於南卡羅萊納州薩利小鎮（Salley）的豬腸美食節（Salley Chitlin Strut）迅速發展的例子。在 1965 年它剛起源的時候僅有 1,000 位客人；到了 1970 年代，這個數字已經增加到了約 5,000 人；隨後又發展到 20,000 人，並且是全天候活動。到 1980 年代後期，參與人數已增加到了 40,000 人。

這僅僅是眾多案例中的一個而已。除需求增加之外，造成成長的因素還有很多。儘管更大規模的活動更能吸引潛在顧客，但時間跨度和節目數量的增加也有利於擴大現有活動的「容量」；地理位置好的活動則能從其市場輻射區域內總人口的成長或特殊細分市場的擴大中大受其益。當然，另外一些活動則可能由於競爭的加劇以及其他類型吸引物和休閒機會的出現而走向衰落。

二、職業化水準不斷提高

在活動數量增加的同時，隨著活動的規模和複雜性的增加，義工數量和從事這些活動的員工人數也有了極大的增加。這樣就產生了規範的職業性機構、正規的教育和培訓課程以及關於這些目前還比較小但處於成長期的針對節慶和活動的利益集團的專門知識。

體育運動也在世界範圍內很好地舉辦了起來，尤其是在業餘級範圍內。國際業餘運動協會聯合國家級的協會組織，共同制定規則，支持絕大多數的田徑及其他業餘運動賽事。獨立的國際奧委會以及其他國際機構，如英聯邦運動協會、泛美體育運動組織等，都從事業餘運動會事宜，並定期舉辦運動會。這些機構和它們的國家級合作夥伴是相關資訊、培訓和標準的收集者、承擔者或制定者，在申辦體育活動的過程中，必須嚴格遵守它們制定的準則。

　　1928 年的巴黎會議確定了世博會的國際法地位，同時還成立了國際
展覽局（Bureau International Exhibition，簡稱 BIE）作為執行機構，專門
負責監督和保障《國際展覽公約》的實施，透過確定世博會的性質、制
定標準、挑選舉辦地點、監督其進程等工作來運作和管理世博會，並保
證世博會舉辦的水準。1931 年 1 月 17 日《國際展覽公約》生效。公約的
內容在 1948 年、1966 年和 1972 年三次進行修改，進一步明確了國際展
覽局的職責、舉辦國的義務、申辦程序等。這些活動名義上是具有教育
性的，而有些學者認為它們是「輝煌的貿易展覽會」（班奈狄克，1983）
或「政治手段」（霍爾，1988）。現在，由於規模和成本問題，綜合類展
覽會舉辦的數量已經有所減少了，而專業類的展覽會則經常舉辦。

　　成立於 1885 年的國際交易和展覽協會現有下屬成員約 5,000 個，其
中絕大多數和農業及國家交易會有關。這個組織每年都會出版一本交易
會管理的小冊子。兩個與活動旅遊相關的組織是「國際主題樂園暨周邊
產業協會」（International Association of Amusement Parks and Attractions）
和「國際目的地行銷協會」（Destinations International）。

　　英語國家的音樂節和藝術節的資金等主要由國家級、地區級以及當
地藝術協會承擔。

　　成立於 1970 年的國際民俗藝術節協會（CIOFF, International Council
of Organizations of Folklore Festivals and Folk Arts）是一個包括 63 個國
家、從屬於聯合國教科文組織的國際性的組織。它主要關注那些有助於
增進國際理解和友誼的傳統的、業餘的藝術活動，其年度活動包括組織
超過 100 個國家參加的民間藝術節活動、民間團體的交流、民間藝術的
研究，舉辦會議、論壇以及展覽會。

社區性的節慶由於絕大多數規模都很小，幾乎可由任何一個團體組織或發起，故而是所有活動中最特殊、最沒有組織的一類。1956 年成立的致力於社區性節慶的國際節慶協會（IFEA, International Festivals and Events Association）的成員主要在美國和加拿大兩國，但現在也已經成了一個國際化的活動組織，其主要工作是召開地區性專題學術討論會、年度會議，發表簡報和與普渡大學開展節慶管理認證專案。

在美國、加拿大等在這方面發展較為成熟的地區，各個州市都有節慶和活動方面的協會組織。

隨著活動規模越來越龐大，活動的成本越來越大[013]，活動的組織越來越複雜，對專業化的組織管理要求也就越來越高。隨著職業化程度的越來越高，將會出現越來越多的舉辦得更好的協會組織，有志於活動管理行業的人將得到更多的專業教育和培訓機會，甚至有可能出現正規的以節慶和活動為教學研究對象的學院或大學。而且這個行業的發展也需要更多的文獻資料，需要更多的學術論文、[014]，需要舉行更多以節慶和活動為主題的研討會。儘管涉及節慶和活動的研究文獻在全部旅遊休閒研究文獻中所占比重還相當小，但教科書和案例研究中對此的需求卻是非常迫切的。

資料 1-1 舉辦世界休閒博覽會的條件

自 1921 年美國舉辦第一屆休閒博覽會以來，在世界各大旅遊城市休閒博覽會已經舉辦了 21 屆。自 1980 年代起，世界休閒博覽會逐漸成為由國際休閒協會組織、世界娛樂與主題公園協會聯合主辦的大型博覽

---

[013] 比如巴塞隆納奧運會的實際總成本為 14 億美元，亞特蘭大奧運會的總成本估計為 15 億美元，雪梨奧運會 1998 年時的預算為 15 億美元。

[014] 儘管商業性的簡報強調的往往是節慶或活動的贊助問題，但類似於《贊助者報告》和《大型活動報告》的報告的確signal公司提供了如何透過贊助節慶或活動與大眾溝通、如何獲得並使用公司的支持等方面的建議。

會，由當初的旅遊裝備展覽會演變成一項延續時間長、展示內容多、遊客流量大的國際大型博覽會。參展的主體由各國大型主題公園、度假區、娛樂場和各類旅遊休閒裝備製造和銷售商構成。展覽分室內和室外，室外展展銷結合，可以持續 2 個月以上，室內外聯展時參展商可超過 5,000 家。從在日本大阪、美國奧蘭多、香港舉辦的世界休閒娛樂博覽會的情況看，舉辦包括室內外展的世界休閒博覽會需要具備以下條件：

◆ 展位設施

一般要有 2,500 ～ 3,000 個國際標準展位和 40 ～ 50 萬平方公尺的室外展覽場地；室外展場一般要有水面，地形要有起伏，以滿足山地和水上娛樂設備的展示要求。

◆ 接待能力

展區的主辦城市要有日接待過夜旅遊者 10 萬人次的能力，擁有不少於 4 萬間中高等星級客房，並有適合海外旅遊者的國際商務、電子服務設備；展覽會的展區內要有接待日流量 8 ～ 10 萬人次以上的供水、用餐、廁所、安全急救等設施和足夠的空間。

◆ 交通條件

展區要有接待日流量 8 ～ 10 萬人次的交通運輸能力，展區內有參展專用交通車道、停車場和足夠的集散空間；展區所在城市和週邊城市要有海外直航的國際航空港。

資料 1-2 國際展覽局與世博會

國際展覽局總部設在巴黎，依據《國際展覽公約》各項職權，管理各國申辦、舉辦世博會及參加國際展覽局的工作，保障公約的實施和世

博會的水準。聯合國成員國、不擁有聯合國成員身分的國際法院章程成員國、聯合國各專業機構或國際核能機構的成員國可申請加入。各成員國派出 1 ～ 3 名代表組成國際展覽局的最高權力機構 —— 國際展覽局全體大會，在該機構決定世博會舉辦國時，各成員國均有一票。

國際展覽局目前共有 88 個成員國。展覽局下設執行委員會、行政與預算委員會、條法委員會、資訊委員會 4 個專業委員會。國際展覽局主席由全體大會選舉產生，任期 2 年。

世博會分為註冊類（Registered，又稱為綜合類）和認可類（Recognized，又稱為專業類）。根據 1972 年的備忘錄，世界博覽會又分為 4 個等級：萬有博覽會、一級博覽會、二級博覽會和專題博覽會。專業類又可分為 A1、A2、B1、B2 四個級別。1988 年 5 月 31 日修訂的《國際展覽公約》規定：從 1995 年 1 月 1 日起，兩個註冊類展覽會的舉辦間隔期至少為 5 年，兩次註冊展覽會的間隔期可舉辦認可類展覽會。各國申辦的展覽會屬於哪一類，由國際展覽局全體會議根據國際展覽公約的條款來確定。下列主題的展覽會可以視為認可展覽會：生態、陸路運輸、狩獵、娛樂、核能、山川、城區規劃、畜牧業、氣象學、海運、垂釣、養魚、化工、森林、棲息地、醫藥、海洋、資料分析、糧食等。如果把各個等級的博覽會全部統計起來，到杜哈世界園藝博覽會為止，已經舉辦了 121 次。

三、活動需求不斷增加

伴隨著整個經濟以及休閒需求的成長，節慶和大型活動也相應地增加了。至少在工業化的英語國家出現了這種趨勢。但是在這個過程中，並不是所有的文化和休閒活動都經歷了這樣的成長。所以有必要就影響節慶和大型活動需求日益成長的原因作一分析。

　　首先，節慶和大型活動需求的增加源於收入的成長。在工業化的國家，儘管有經濟週期的起伏，但這些國家還是取得了生產力和財富的全面成長。美國和加拿大的中等家庭收入和人均收入獲得了穩步的成長。對於大多數人來說，可自由支配的收入已經足夠支付多種休閒需求，包括一年一次或多次的假期或者多次花費較少的休閒旅行。休閒旅行需求的增加也推動了對節慶和活動方面的需求。旅遊業協會（Travel Industry Association，簡稱 TIA）的數據顯示，有 3,100 萬成年旅遊者在離家旅行過程中參加了一次節慶活動（festival），其中多數旅遊者參加的是藝術節或音樂節，而且這些旅遊者的家庭收入也顯著高於其他旅遊者。俄亥俄旅遊局的柯琳梅（Collen May）博士的研究發現，1999 年有 315 萬人參加了本州的大型活動，並發現參加大型活動是旅遊者出遊的最主要動機。同時 TIA 的研究還發現了參與大型活動的旅遊者的一些有用特徵，如：這些旅遊者一般都受過大學教育，並且多是雙收入或有更多的收入來源的家庭（在美國參加大型活動旅遊的旅遊者的收入約為 5.3 萬美元，而其他類型旅遊者的收入約為 4.7 萬美元）。因此藝術或音樂節、民俗或遺產、美食節、宗教節日等往往對受教育程度高、家庭收入豐厚的群體有更強的吸引力。

　　另一方面，許多地區的貧富差距仍然很大，結構性失業迫使人們有了「休閒」的時間，這種很可能繼續加大的差距將導致富裕階層對休閒興趣的不斷成長，而同時也使得窮人階層越來越多的人無法享受商業化的休閒和旅遊供給。因此，公眾的、免費的、公開的節慶和活動對於那些可自由支配收入較少的人們而言將更有吸引力。艾普生（Epperson）認為節日和文化節將因其能提供極低成本的休閒而繼續成為公眾的首選（1986）。儘管許多人認為，出現大量專為富人而設的和專屬窮人的節慶或活動這樣的兩極分化的現象是不可接受的，然而事實上這種情況已

經發生了。尤其是藝術節正面臨著成本的增加，即便加上政府的補貼，這些藝術節的票價仍然超出了低收入家庭甚至是中等收入家庭的承受能力。這迫使活動舉辦方轉向旅遊市場，但這有可能使這些活動脫離接待地的實際情況。這也使得讓當地社區獲得活動尤其是代表性活動的控制權，以致保證活動能集中推動社區利益最大化的要求變得更加迫切。

政府機構，尤其是那些與社區體育、娛樂、社區發展以及大眾文化（與所謂的高等文化相對應）息息相關的機構是最有可能為公眾規劃免費的、低成本的大型活動的。他們應該著力解決如何向大眾提供職業化、高品質的免費活動，而不因收入原因將某一團體排除在外。

其次，節慶和大型活動需求的增加源於休閒時間的變化。隨著生產力提高、法定以及透過談判獲得的假期越來越長，工作時間變得更短，又加之提前退休、僱用方式等的變化，工業化國家出現了休閒時間的全面成長。但是我們長期等待的「休閒時代」還沒有到來，近幾十年的經濟週期變化產生了越來越多的失業而不是減少了工作時間。另外，城市生活的要求、家務勞動、乘車上下班、就業壓力等使得絕大多數人沒有足夠的時間去滿足他們所有的休閒需求。

許多人仍然非常看重職業或工作。參加工作的婦女比例、雙薪家庭、採取彈性工作時間、從事兼職工作等人數的急劇增加，意味著傳統的休閒和工作方式已經發生了極大的改變。變化的結果由於以下幾個方面的原因而顯得很重要：更強調時間的品質，尋求的是獨特的高報酬的社會和家庭經歷；儘管週末和夏天仍然是休閒的尖峰期，但實際上休閒時間的分布已經呈現出了均勻分布趨勢；時間的價值越來越高。正是由於這些結果的出現，使得節日和大型活動的一系列內在特徵更具吸引力。尤其是它們能在廣泛的社會層面提供給人們高度的刺激和短期的休閒經歷。

　　第三，即使是很不善於觀察的人也肯定能注意到休閒種類在不斷增加，一些休閒活動在現代已經變得越來越流行、越來越專門化了。社會人口統計方面的一些發展趨勢對休閒、旅行和節慶旅遊有著巨大的影響。婦女主政的家庭數量增加，普通家庭的規模變小，北美和許多其他國家由於移民和低出生率使得具有雙重國籍的人也正變得越來越多。這將影響到文化的偏好，也可能使越來越多的人增強對民族和多重文化的節慶的興趣，同時也將促進這類活動的發展。

　　第四，工業化國家中絕大多數人生活在城市或者自認為是都市化的地區。都市化可能導致兩個方面的影響：擁擠、汙染、犯罪、社會壓力、社會責任下降，藝術、文化、休閒和娛樂活動的機會增加。一些社區性的節慶或活動是傾向於加強社區自豪感或地方意識，或者是與特定民族和特殊興趣相關的。這些節慶或活動儘管不都是以旅遊為定位的，但因為內含了一種東道地區生活方式的特性和吸引力，也被當作一種在吸引探親訪友者方面有著潛在特殊價值的旅遊活動；儘管又是因為考慮到它們在推動社區文化、社區休閒和社區發展方面的作用而將之保留，但社區性的節慶或活動卻的確有助於社區塑造自己的充滿活力的社區形象和招引遊客參與活動。有許多大型活動是與主要的藝術、文化、體育、購物設施等直接相連繫的，若沒有這些大型活動，它們只是一種靜態的吸引物 —— 這種旅遊與城市復興及大型活動之間的連繫在歐洲和美國表現得最搶眼。

　　第五，正如在第二節中所論述的，能夠滿足各方面文化需求的節慶和活動往往是「環境友善」的，因此可以成為滿足一部分人群對安全和「真實」方面的需求，同時也是一種展示不同生活方式的途徑。活動已經越來越多地被作為一種目的地形象和市場定位策略的支持手段。旅遊產品的標準化威脅著目的地的特性和差異性，透過舉辦相關活動以創造有

吸引力的形象無疑有助於構建競爭性優勢。

第六，資訊傳播的全球化和即時性使得新聞消息往往被壓縮並要突顯其轟動性或娛樂性，活動本身也需要有更大的規模、更加非同尋常的個性化才能獲得媒體的關注。具有無與倫比的規模和場面的奧運會之所以受到各國和舉辦地的高度重視也正在於它在表達政治意圖、旅遊推廣以及給全球觀眾傳遞相關資訊方面的巨大潛力。

第七，政府對節慶和大型活動的政策也推動了活動數量的增加。許多政府機構正是將活動作為政策的反映，而支持節慶和活動的開發，以及數量與規模的成長 [015]。它們相信，休閒和體育活動能增進社區團結，能帶來一種更健康的生活方式；藝術和音樂節有助於文化發展；倫理性和多文化的活動能夠減少社會或種族間的緊張、增進相互理解和保存傳統。部分地由於媒體的影響，純粹的政治因素對大型活動的出現造成了推動作用 [016]。巨型活動為舉辦國和地區提供了無與倫比的機會去宣傳自己、向世界展示自己、在世界範圍內表達「自己的聲音」，也刺激本國或地區基於奧運會之類的活動的需求而進行大規模的建設，並透過與此相關的努力來向自己的盟友或非盟友傳遞恰當的政治信號。

阿諾德等（Arnold et al.）就曾深刻指出活動的政治作用（1989）:「掌權的各種政府將繼續利用代表性活動來對其即將屆滿的任期加以圈點、喚起民族主義精神和熱情，並最終贏得選票。這些活動比戰爭廉價或者就是戰爭的準備。在這方面，代表性活動並沒有掩蓋政治現實，它們就是政治現實。」霍爾也指出（1992）:「在代表性活動中，政治是至高無

---

[015] 以奧運會為例，漢城奧運會政府資金占奧運會總支出的 50%，巴塞隆納奧運會總支出中 70% 為政府資金支持，雪梨奧運會上該比例則為 60%。

[016] 比如有研究認為，1984 年洛杉磯奧運會是美國對其資本主義制度和資本累積過程的慶典；1980 年莫斯科奧運會是社會主義陣營將其成功之處向西方世界展示的窗口；1964 年東京奧運會和 1972 年慕尼黑奧運會則因日德兩國試圖透過奧運會改變第二次世界大戰對自我形象的遺留影響。

上的。假設情況不是這樣，要麼是天真，要麼是口是心非。……透過戰勝其他地方贏得主辦權或贏得比賽本身就滿足了心理和政治上的需要。從物質、經濟、社會，更重要的是政治上看，在一次代表性活動後，有些地方將永遠不再像原來那樣了」。此外，年度性的政治慶典也可能成為大型活動的推動力，尤其是當這樣的慶典活動具有了某種民族驕傲和文化特性的象徵意義的時候更是如此。

　　當然，在這種情況下，容易產生一系列失誤，如對大型活動本身無法進行理性的規劃，不能有效地進行成本收益分析，尤其是過分誇大了活動在旅遊和經濟影響方面所可能產生的正面效應。

◆專業詞彙

　　活動；大型活動；巨型活動；代表性活動；活動旅遊

◆思考與練習

- ◆ 成立研究團隊為某次假想的大型活動設計一個媒體關係計畫方案。
- ◆ 成立「讀寫議」團隊，瀏覽國際奧委會網站，形成一篇關於奧運會這一巨型活動的最新發展動態的報告。
- ◆ 成立研究團隊，試分析活動在轉型國家的旅遊經濟發展進程中的主要作用。
- ◆ 成立研究團隊，選擇一個具有典型意義的轉型城市（或老工業基地或能源性城市）作為案例，研究大型活動的具體意義。
- ◆ 成立研究團隊，分析利用舉辦活動尤其是大型活動促進臺灣東部旅遊經濟發展的可行性。
- ◆ 成立研究團隊，追蹤學校所在地城市的大型活動的數量、規模等方面的變化情況。

第 2 章
大型活動管理模式

◆本章導讀

    本章主要涉及大型活動管理的基本模式。在本章學習中，應該注意了解大型活動管理的基本要求，尤其要掌握人力資源管理對於成功的大型活動管理的重要性。深刻掌握大型活動管理的基本模式，領會各個管理階段所應該注意的問題和可供選擇的方法和手段。

    在第一章中我們已經了解到，1955 年當華特·迪士尼在加利福尼亞州安那翰的迪士尼樂園開業的時候為解決大量遊客同時離園所帶來的開園時間與收入報酬之間的不協調問題，當時的迪士尼樂園公關部主任羅伯特·賈尼提出了舉行一場「主街電動遊行」的晚間活動以解決問題的方案，並獲得巨大成功。而且賈尼還頗有創見地對大型活動下了一個可能是最簡單且最經典的定義：大型活動就是那些不同於日常生活的事件。按賈尼的定義，沒有一個地方會每天在主要街道上遊行，唯有迪士尼樂園會每晚有遊行，而且對遊行進行專門研究、設計、計劃、管理、協調與評估。這可以被看成大型活動管理的開始。

第一節　大型活動管理的基本要求

　　未來的大型活動管理者將有著非常美好的前景。這主要是考慮到以下幾個方面的原因。首先，雙收入家庭數量的增加推動了服務產業的發展。有資料顯示，這些家庭主人正尋求透過活動管理者來處理他們生活中相關活動的細節。其次，社會對專業化的要求進一步深化，尤其是在一些社會分工發達地區或行業，這種發達的分工體系需要有類似活動管理者這樣的受過專門訓練的專業人員來滿足某些組織的要求。最後，活動管理者需要具有多種管理方面的技能，這其中包括市場行銷、人力資源管理、金融管理等。因此也就意味著一個人如果在大型活動管理這個行業中受過良好訓練，那麼他同時也能夠在其他行業中取得成功。這一點對於身處經濟發展的難以捉摸性和重新就業的問題越來越突出的社會裡的人來說尤為重要。曾有研究發現，由於經濟規模萎縮及其導致的用工需求減少，許多原來的會議計劃者被解僱，但是同時他們使用會議計劃方面的相關技能在新的行業中獲得了新的收入來源。當然，如果活動管理者受到遠較會議計劃為廣的知識技能培養，那他們所獲得的知識和經驗將使他們能夠更快更好地在很多新的工作職位上取得成功。

　　1980 年代末、1990 年代初的經濟衰退導致了大型活動的許多變化，這些變化大致可以歸結為三個方面。首先，經濟發展的不確定性削弱了活動的擴張，一些大型或巨型活動經營企業或破產，或被兼併，或減緩了人力資源方面的需求。其次，諸如傳真技術、電腦技術、互聯網技術

及其他一系列現代社會的技術奇蹟的紛紛出現，使得大型活動行業面臨巨大的壓力。最後，大型活動組織與管理從本地化的行業發展成為全球性的行業，從而使行業競爭越來越激烈。

經濟上的不確定性、技術的迅速進步和競爭的升級，導致了大型活動組織和管理的一些主要的變化。現在的經營環境已經不同於大型活動迅速擴張的 1980 年代中期。如何在這樣一個新的環境中掌握推動該行業可持續發展的工具是我們面臨的重要問題。這就需要大型活動的組織和管理者掌握更強的應對所面臨的社會、經濟和政治等方面的挑戰的能力，為此他們需要在大型活動的管理中運用情報學、會計學和法律學等方面的知識，以便逐步地從嬰兒期進入青春期並進一步進入成年期。這也就是完成商業週期中的產生、成長、成熟三階段。此時，如果驕傲自滿則行業將走向衰退，而透過進一步的學習和進行策略性的規劃則行業有望獲得新的發展，並使這種發展成為長期的、可持續的。

當然，大型活動的組織與管理行業也面臨著諸多的全球性的機會。在客戶與管理者關係日益密切的同時，作為大型活動的組織與管理者也需要在客戶的組織文化框架內發展自身的專業知識。也就是說，要想在全球性市場競爭中取勝，管理者應該理解舉辦活動的國家的文化、經濟以及政治等諸多方面的細微差別，了解不同國家人們如何進行決策以及這些決策又將對管理者的行動產生哪些積極或消極的影響。這要遠比學習這些國家的語言困難得多，雖然大型活動的全球化發展已迫使管理者必須掌握兩種或兩種以上的語言。在國際會議協會（ICCA, International Congress and Convention Association）的建議中，法語、西班牙語和德語以及亞太地區的日語和中文被認為是最重要的、需要掌握的語言。

▓ 一、控制好自己 ▓

　　第一個應該管理的人是你自己。相對於充分有效地管理好你自己的
時間和職業資源，對他人的組織、分配、監管和授權是第二位的。當你
能夠充分有效地管理好自己後，你將發現管理好別人就會更容易些。完
美地管理好你自己包括為自己設定一個個人的職業目標，並圍繞著這個
職業目標制定一個策略計畫。這其中也包括選擇問題。比如你可能希望
有更多的時間與你的家人在一起，而這將決定你所能選擇的活動管理的
專業領域。某些領域可能會瓜分走你本應與家人和朋友在一起的時間，
尤其是在職業起步階段；而有些領域則允許你半自由地工作。協會或公
司會議策劃可能要求你一年中有 40 週必須每天從早上 9 點一直工作到下
午 5 點，如果在會議準備和布置階段則需要你從早上 7 點一直工作到晚
上 10 點甚至更晚。總之，活動管理者的首要的資源是時間，這是一旦投
入就永不復返的特殊商品。個人職業目標的設定與你所從事的活動管理
專業領域有著直接的關係。如果運氣好的話，你的勞動付出將會帶來豐
厚的報酬。

▓ 二、精於時間管理 ▓

　　能否有效進行時間管理的一個重要影響因素在於你能在多大程度上
區分出什麼事是最緊急的，什麼事又是最重要的。之所以緊急往往是由
於缺乏研究和計畫，而重要往往又意味著需要在時間、資源以及目標等
方面進行優先安排。常常會出現的情形是，活動管理者往往將個人時間
和職業時間混在一起，從而對自己產生負面影響。舉個例子。如果你仔
細想想，你會看到，每個人每週可獲得的時間只有 168 小時，其中 56 小

時用於睡覺、21 小時花在吃上,因此只有 91 小時可用於工作和個人安
排;如果你想有更多的時間與家人在一起,希望有更多的時間從精神和
身體上改善自己,那你在工作中就需要更智慧地利用時間而不是更多地
投入時間。

有效的時間管理源於如何進行個人和職業方面的優先安排,尤其是
如果你從事的是一項很費時間的工作時。對於活動管理者而言,要想取
得長期的成功,就需要很好地平衡工作、家庭、休閒、娛樂、精神追求
之間的關係。雖然無法一一列出如何達到這種平衡的途徑,有些基本規
律還是可以借鑑的。如果能很好地遵循這些時間管理方面的基本規律,
那活動管理者就能在花更少的時間賺更多錢的同時,有更多的時間進行
娛樂、休閒和自我提高。下面這些針對活動管理者的建議可能會有助於
你建立一個個人和職業的有效的可持續的生活與工作機制:

- 給自己的時間作個「預算」,並將這個預算安排直接與自己的經濟
  和個人的優先考慮方面相連繫。比如:如果你很看重家庭,那你就
  在每個星期「預算」一個特定的時間與家人在一起。
- 對自己的日常開支進行分析以決定什麼時間最值得投入。為提醒自
  己,可以在電話旁邊給你的時間按照其重要程度做上小標記。此外
  要減少打無關的電話,減少做那些不會產生利潤的事情。
- 在離開辦公室或上床休息前給第二天需要完成的工作列一個清單。
  清單中應包括所有相應的電話以及為完成這些任務所應該做的準
  備。在網路化溝通時代,你可以在任何地方回電話給對方。當一項
  任務完成後就用筆劃掉它,如果沒有完成那就應該將它轉到下一個
  新的清單中。
- 決定什麼會議是必須開的,什麼是資訊溝通的最好方式。有許多會

議可以透過視訊會議而不必親身與會的方式召開，有些會議可以取消而會議相關的資訊可以透過備忘錄、通訊甚至影片或音訊的方式傳達。

◆ 當接到電話詢問的時候一定要明白自己是不是最合適的解答人選。如果不是的話就應該將電話轉到最合適的人。比如：如果有人向你了解活動管理行業的情況時，你可以建議他們聯絡相關的專門協會或組織，並告訴他如果他們有其他的什麼問題，可以在聯絡這些專門協會或組織後致電給你，你將非常樂意解答（這一點非常重要）。

◆ 對那些普通信件和傳真（opening mail or reading facsimiles）只處理一次。對於臨時非正式的信件可以直接在信件上批注並附上名片。這不僅是有效率的，而且也是合時宜的。此外可以安排相應時間處理重要的商業文件。

◆ 當外出超過 3 ～ 4 個商務工作日時，可差人透過 24 小時服務將郵件送達你手。這樣可使你及時進行答覆。

◆ 無論會議多簡短，都要為其準備一個正式議程。要預先發放這個議程並留出一定的對議程安排的討論時間。如果議程安排沒有問題，那就請與會者準備一個有關發言的正式概要並在會前給你。這有助於你為此做好充分準備。

◆ 建立一個包括接洽者姓名、地址、電話號碼等資訊的一覽表。

◆ 授權能幹的助手處理那些不必你親自處理的事務。提高你的創造力的唯一正途就是複製你自己！一個受過良好訓練、能得到合適薪酬的行政助理可以提高你的效率，甚至偶爾可以使你有時間去從事能夠帶來更好報酬的工作。

三、精於財務之道

使自己成為一個精明的訓練有素的財富管理者是你在活動行業構築長遠職業未來的另一重要支撐要素。在你的活動管理生涯中你需要解讀諸多財務報表，對此你不能寄希望於他人。你必須能夠了解這些數據所蘊涵的資訊並根據你對這些數據的最終分析做出判斷、提出意見。但實際上有許多活動管理者並不熟諳會計之道。

恰當的金融方面的實踐能使有經驗的活動管理者更好地控制未來的活動。這需要透過收集、分析正確的資訊，並透過分析做出正確的決策。如果能夠掌握以下幾點可能將有助於你構建一個美好的職業前途：

- 確立現實的短、中、長期財務目標。
- 獲取專業的諮詢建議。
- 確立並使用有效的財務技術。
- 定期、系統地審查財務健康狀況。
- 控制日常開支並追求財富最大化。

四、熟練掌握技術

掌握 word 處理技術可以使活動管理者能夠簡單有效地完成精美的提案（well-written proposals）、協議、工作日程表以及其他一些重要的日常業務工作文件。財務報表軟體可以使現在的活動管理者及時、有效、準確地掌握每月諸多分類帳目資訊，並迅速了解每項活動的盈虧狀況；在提供自己良好的關於公司收支狀況資料的同時，可以用來提供稅務部門詳細的報告。當然最重要的是，透過這些軟體的使用可以幫助你迅速決定現金流轉狀況，以確保每月月底有足夠收入來支付開支，並保證企業能夠有一定的盈利。

　　而資料庫系統可以使你能夠便利地整理從買家、潛在客戶到現有客戶名單的大量資訊並非常方便地對這些資訊進行檢索。活動管理者對每年工作中的大量資訊的儲存、組織、迅速高效的檢索、利用對於其商業運作和收入提高絕對是非常重要的。當然，在資料庫實際運行初期可能會碰到一些問題，因為有效使用這樣的資料庫的一個前提是必須依賴於整個團隊的努力，只有當整個團隊接受了這個資料庫系統，並且將對初始資料庫的數據的完善看成是一項系統性的工作的時候，資料庫中的相關數據才可能不斷地得到更新、完善，活動管理組織才可能真正成為一個更富效率並具更高盈利能力的組織。

　　以下程序可以為找到一種符合你需要的合意的技術提供某種途徑：

- ◆ 確定你所在組織的技術需求。
- ◆ 評價並選擇一種合意的技術。
- ◆ 確定一個執行的時間表。
- ◆ 為所有有關人員提供足夠的培訓。
- ◆ 評估系統性的需要，進而是使之適應新的技術。

五、掌握人力資源技術

　　活動管理者必須掌握的一項最重要的人力資源管理技術就是授權。為了使一項活動能夠成功必須做出一系列的決定，但是又不能完全依靠活動管理者一個人來決定。也就是說，活動管理者必須僱用適當人選並充分授權，讓他們去做大量的重要決定。大多數活動管理者都關注導致失敗的首要原因，這就是沒有給予員工充分授權。如果像奧運會這樣的巨型活動還需要大量的義工來提供禮儀、宣傳和其他大量的瑣碎但不可

或缺的服務，則授權對象可能還要包括義工[017]。透過對大量活動管理方面的企業家的非正式訪談發現，組織最大的挑戰不在於創造性方面，而是在財務管理人員那裡。可能這就是為什麼在許多企業裡，財務長（CFO）是行政人員中薪水最高的職位的原因吧！

當活動管理者在財務、人力資源管理以及其他商業技能方面越來越有心得時，他們實際上正在向他們當前的僱主顯示其企業家的才能。實際情況也正是如此。當他們展示了獨立應對複雜而又競爭激烈的環境的能力時，許多僱主付給他們相應的報酬。因此，對員工而言，熟練掌握活動管理方面的技術的一大好處是它可以幫助你使商業活動更加有效地運轉，提高你創造業績方面的能力。此外，這也增加了以後你自己擁有並成功經營一家活動管理顧問公司的機會。

案例 2-1 雪梨奧運會義工計畫的成功奧祕（摘選）

永遠都不要低估義工，要尊重他們和他們的力量，採納他們對責任的關注，好好訓練他們，希望從他們那裡獲得最佳效果，你想要從他們那裡得到多少就要回報多少……永遠都不要認為他們是想當然的。

……把義工作為奧運會工作人員的重要力量對成功舉辦奧運會是至關重要的。無論有無報酬，組委會的每一個成員都屬於同一個團隊。……我們歡迎義工，相信他們並給予他們權力。……奧運會中義工計畫成功的最重要的原因，就是在整個活動過程中鼓勵義工分享主人翁感。……義工計畫成功的奧祕還有很多，包括獲得合適的人員、確保每份工作都已經任務明確並得到了正確的理解、使義工與工作職位相匹配、為獲得高品質績效和客戶服務進行深入培訓……全面的認同和獎勵計畫……並幫助他們獲得工作滿足感。

---

[017] 1984 年洛杉磯奧運會義工為 33,000 人，1988 年漢城奧運會義工為 27,200 人，1992 年巴塞隆納奧運會義工為 34,600 人，1996 年亞特蘭大奧運會義工為 47,466 人，2000 年雪梨奧運會義工為 47,000 人。

第二節　大型活動管理的機遇和挑戰

　　要想在活動管理方面獲得長久的成功，必需要面臨三大挑戰。這就是變化著的商業環境、迅速改變著的可獲得的資源和不斷學習的要求。這三個互相相關、互相影響的挑戰構成了一個動態三角。這個動態三角把握得好就能幫助你成功，如果不能很好地掌握這個三角，那等待你的只有失敗。可見，你是否具備應對這些挑戰的能力將對你的成功機率產生顯著的影響。

一、商業環境的挑戰

　　隨著全球經濟一體化發展，每個組織都不再僅僅在本地市場競爭，因此所面臨的競爭狀況將越來越激烈。就你所在的市場領域進行競爭性分析，是確定現在和未來競爭對手並進而透過差異化提高你的盈利能力的重要一環。為此應該充分考慮你所在組織的獨特性，並將這些確定的獨特性與你現在及未來的顧客對其他組織的感知進行比較，以發現這些獨特性是不是真的有別於你的競爭對手。如果這些並不是獨一無二的差異化的特性的話，你所在的這個組織就需要調整所提供的服務或產品以謀求特性和獲得成功。在進行競爭優勢分析時可以考慮以下一些因素：

◆ 審查本組織獨特的競爭優勢：品質、產品銷售、價格、定位、訓練有素且富有經驗的員工、聲譽、安全性等。

- 在現有及潛在顧客中進行調查，以發現相對於競爭對手而言，顧客如何看待本組織的這些特性。
- 透過匿名電話和喬裝探訪競爭對手的方式，「偵察」他們是如何與本組織的獨特競爭優勢進行比較的。
- 與企業員工共享這些資訊並以爭取更大的商業成功為出發點，進行企業任務和目標的調整。
- 系統地評估本組織在每個商業領域中的位置以判斷自己現在的商業表現，並在必要的時候調整計畫。

不管你是企業所有者還是管理人員或者是企業的普通員工，在變化發展的商業環境中獲得成功的唯一祕訣就是在活動管理中維持競爭優勢。為維持競爭性優勢還需要經常翻閱專業以及其他的商業研究文獻，從而了解發展變化的總趨勢。

如今，關係影響就變得越來越重要，而且價格越來越高，這種行銷也顯得更為重要。而且據研究，關係行銷是行銷研究中發展最為迅速的分支之一。活動管理者應該以與那些更大的組織相同的時間投入來理解和掌握如果透過活動建立一種穩固的關係，從而提高客戶對自己的忠誠度、口碑的途徑和方法。

■ 二、可獲得資源方面的挑戰

當越來越多的組織在全球資訊網路建立自己的網頁時，對於活動管理而言，也就意味著消費者可以接觸越來越多的資源。你所在組織面臨的挑戰就是選擇那些符合目標市場需要的資源，並整合這些資源以保持品質的高度一致性。品牌變得越來越重要是因為消費者對可靠性與可信

任性的期望。透過仔細選擇所供給的產品，進而形成高品質、可靠、值得信賴的服務定位將可以確保組織持久的成功。無論是正在選擇自動售貨機還是在決定究竟選擇什麼品質的紙張印刷新的廣告手冊，每一個決定都不僅將反映組織的品味，更為重要的是這也折射出目標消費者的品味。預先透過市場調查研究來確定自己的目標市場，隨之選擇相應的資源以滿足這些目標市場消費者的需要和預期，可以透過以下一些步驟來達成：

◆ 透過市場調查研究確定自己的目標市場；

◆ 建立一個有關目標市場消費者的需要、預期等方面資訊的資料庫；

◆ 定期評估新產品（有些活動管理者會在每月安排一定的時間拜會客戶）並判斷這些新產品是否滿足了目標消費者的標準和要求；

◆ 在每個商業發展決定中都貫穿這些消費者的需求及預期等，如果目標消費者希望在晚上與你進行商務活動，那就可以考慮每週抽出一天延長營業時間；

◆ 定期審查內部運行以確定在發展新業務時，應強調產品與服務符合目標消費者對品質、可靠性等方面的要求。

三、終身學習的挑戰

進入千禧年後，則可以說活動管理已經進入到復興或新生年代。作為活動管理者，你是這個學習熱情空前高漲以及活動管理知識膨脹年代的一分子。因此為了在這個迅速變化和擴張著的行業中勇立潮頭而不是落後於潮流，你就需要給自己的整個職業生涯確立一個學習基準。參加一到兩個行業的年度會議、參加當地的協會活動或者每天抽出一定的時

間閱讀相關的文獻資料將有助於你站立潮頭。當然最好的學習方法就是用你所學去教其他人。蒐集可以與你的同事共享的資訊也是一種非常好的培養終身學習習慣的方法。此外還可以考慮以下一些技巧：

◆ 做出每年繼續教育所需的時間和經費預算；

◆ 透過給予津貼的方法要求或鼓勵員工進行活動管理方面的教育，讓他們購買一些與此相關的書籍以提高自己；

◆ 建立一個學習小組；

◆ 每週抽出一定時間進行專業閱讀，蒐集資訊並同時「畫重點」（注：如用螢光筆特別標示）、剪貼、傳播和歸檔這些資訊；

◆ 參加行業會議和展覽會以掌握新思想，而且當你回到公司後將被要求傳達會上所獲得的資訊，因此你將成為一個專業人士。

第三節　大型活動管理的基本模式

所有活動的成功多須經歷 5 個階段，這就是調查研究、構思、計劃、協調、評估階段。

一、調查研究階段

準確的市場調查研究有助於減少風險。活動開始前的市場調查研究做得越好，則符合組織的利益相關者的預期利益的可能性就越大 [018]。即便政府也會考慮在確定進行投資前首先進行可行性研究。這些可行性研究一般都包括詳盡的市場調查研究。活動其實就是一個展現在那些即將參加到活動中來的公眾面前的產品。這些公眾對活動本身有著合理的預期，因此對於降低無人出席的風險而言，進行仔細準確的消費者調查研究就顯得非常必要了。其實，如果能夠在市場調查研究方面花費更多的時間，也就意味著可以節省花費在其他環節上的時間和開支。透過市場調查研究有助於確立目標市場，有助於了解客戶及內部利益相關者的服務期望，有助於發現發展趨勢，建立新的服務配送系統，在問題還沒到不可收拾地步之前解決這些小的隱患。

---

[018] 國際奧委會和奧林匹克運動之所以能獲得成功的重要原因就在於能夠很好地協調奧運會組織、政府、廣告商／贊助商、媒體、運動員、公眾等諸多利益相關者之間的關係。

（一）一種專門的方法：專門調查群體

活動開始前常用的調查研究方式主要有「定量調查研究」、「定性調查研究」以及兩者兼而有之的調查研究等三種。當試圖確定你的消費者的意見和潛在的動機的時候，專門調查群體是最經常使用的研究形式。

對於一個專門調查群體，不是你簡單地詢問他們並記錄他們的想法就可以了，對他們的調查不是這樣一種非正式的座談，它需要透過一個具體的計劃草案的實施來得到你進行正確的業務決策所需要的高品質的資訊。

一個專門小組由 8 到 12 名至少在一個方面有同一特徵的個人組成。例如：這個小組可以由男性和女性構成，但是，所有的參與者都是中級經理或者都在政治方面是保守的。而在特殊活動管理業情況的專門小組中，成員可以是男女混合。但是，他們應該具有相同的收入水準、相同的信仰，甚至在舉辦聚會前會到同一類商店購買物品。這種同一性的目的是確定群體內的特徵以比較和對比他們的意見。例如：假如群體中有男性也有女性，並且他們都有相同的購物偏好，那麼發現男性或女性或者兩者是否都購買某一特定產品將十分有趣。透過對專門調查群體的設定及群體中參與者同意或不同意的態度的分析，你可以找到那些表示個人看法的偏好。

你可以透過尋找自願者（也稱為自我選擇者）或自行挑選的方式來挑選小組成員。正如一個人必須具有一定的資格才能成為陪審員，你應該透過要求備選者完成一份簡要的書面調查問卷或和他們個別會見的方式來進一步確定小組成員的資格。一旦你確定了他們加入小組的資格，下一個步驟是提供一定的激勵來保證他們的參與。

　　在提供激勵的時候要非常小心，避免由於提供了過於慷慨的酬勞而使小組成員出現某些偏差。典型的酬勞或激勵包括一些小禮物，例如一本書，在某些情況下則是一些適度的現金，一般是 25 美元。但是，假若向一個由宴會租賃者構成的小組提供在未來消費的 25% 的折扣則是一種明顯的偏差。相反，使小組成員參與並不附帶條件，支付 25 美元已經是一個很強的激勵。你應該提前向每一個確定的小組成員寄一封信，向他們描述作為專門小組的成員他們會被要求做什麼、他們參加的重要性及作為參加的回報會向他們提供何種酬勞。使用傳真確認會給人一種緊迫的感覺並引起他們的更多注意。然而，假若你使用傳真，必需要求收件人發回帶有他們願意參加的簽名的傳真，確認他們收到了邀請。

　　很明顯，專門小組會議的設置應該不受到聲音或視覺的干擾。一張會議桌或圍成半圓形的單個的椅子是一種令人滿意的設置方式。此外，保證會議小組成員能夠互相聽到和看到非常重要。

　　會議的主持人或調查的推進者應該認真挑選。理想的選擇是不認識小組中大多數成員的某個人。因此，讓對大部分小組成員都相當熟悉的公司老闆或銷售人員作為會議的主持人，可能會使參與者的回答產生偏差。在某些情況下花錢請一個職業的專門群體調查的推進者來確保客觀的辦法是明智的。

　　就一些對於你的公司來說重要的具體議題和調查問題，主持人將詢問小組成員的意見。但是，當小組成員對每一個問題回答的時候，主持人不能對此表現出讚許，這一點非常重要。因為即使主持人一個輕微的面部表情都可能會使小組下一個問題的回答出現偏差。

　　透過要求小組成員舉手表態，或要求他們對某一具體議題或產品的感受以 1 分到 10 分為尺度範圍做評價，可以對某些從小組中獲得的資訊

進行量化。專門群體調查的目的是對每一個成員及小組整體進行探詢，確定可能會在將來發展的某種具體趨勢或表達個人的態度感受。因此，會議的主持人或推進者應該不受限制地問一些跟進的問題或要求參與者提供更多具體的資訊，從而使他們提供的初步的回答更加明晰。

一旦會議結束，會議的組織者應該立刻對錄音帶進行記錄，開始對數據進行分析。利用會議參加者提供的回答的原始數據，必須找到那些同意、不同意或表達強烈意願的資訊。這種強烈的意願通常是大多數人的意見，或者表現為重複使用一定的語句，如「過於昂貴」、「不方便」等，也可能是在記錄的內容中多次出現的一些關鍵的詞語。

當完成了一份對從此次活動中導出的發現和建議的描述記錄以後，專門群體調查研究就結束了。例如：你也許發現大部分小組成員不認可你即將推出的某個新產品的價格是合理的，或者大部分的女性購物者認為延長的開業時間將增加方便程度，從而會刺激和你交易的次數。這些發現將導出一些建議，使你修正投資於新的產品的計畫，或者考慮在一個星期中的一兩個晚上將營業時間延長到晚上 9 點。其他的研究，例如使用問卷調查方法，將進一步證實你從專門群體調查中獲得的初步資訊。

專門群體調查並不使用一些科學實證的方法，因此不提供實證性的數據。但是，進行多重的專門群體調查可以擴展得到的資訊並使資訊得到進一步的證實。例如：在 1993 年，加拿大全國冰球聯盟進行了兩次專門群體調查會議來確定對於在蒙特婁舉辦的全明星週末賽的看法。第一次會議在 1992 年的夏天舉行，成員由持有蒙特婁季票的球迷組成，徵詢他們期待從週末全明星賽中得到什麼，這些參與者評價說全明星賽本身就是他們最盼望的因素之一。然而，從一個月後舉辦的另一次會議中開

始發現，比賽不是最受喜愛的因素，最受歡迎的是比賽前一天舉辦的技巧競賽。

因此要注意對「滿意」評價的前後的差異變化。同樣地要注意關於到現場觀看比賽的球迷和透過電視轉播觀看比賽的球迷對這一活動（此指全國冰球聯盟會明星賽）的不同評價。

儘管專門群體調查不產生實證數據，它們確實提供了一個重要方面的理解來支持傳統的實證研究。例如：一些專門群體調查會議在一個有單向玻璃牆（外面的人能看到裡面，而裡面的人不能看到外面）的房間裡舉行，允許舉辦會議的委託者觀看參加者的身體反應而不影響正在進行的研究。參與者被告之在單向玻璃牆的另外一面有人正在觀看會議，在幾分鐘之後參加者開始放鬆並且不再理會這種潛在的干擾。這種玻璃牆允許委託者觀察參加者身體語言方面的細微變化，也給研究者提供了更多的機會來記錄一些微小的變化，更精確地依次記錄參與者的態度和意見。一旦開始分析，這種將語音反應和可見反應的結合的方法將得到一個關於參與者總體的態度、感覺及意見方面的全景圖片。

選擇適於活動的調查研究方式是非常重要的，為此要考慮調查研究所欲達到的目的、可用於調查研究的時間以及資金保障情況。但是設計並收集相關的調查研究數據僅僅是一個重要的開始而已，當你仔細分析了這些調查研究數據並從數據中發現一些重要啟示後，你必須將這些資訊傳遞給利益相關者。這可能是一個更重要的過程，究竟採取什麼樣的傳遞方式可能會在一定程度上決定你將在多大程度上影響你的利益相關者。比如：當你的利益相關者是學者或者有相關市場調查背景的人士，則用一些表格或者書面陳述就足夠了。但是在多數情況下，多數利益相

關者並不熟悉市場調查研究，因此就應該考慮使用曲線圖、圖表以及其他的形象化的工具來進行解說。當然，如果你能夠在給這些利益相關者提供正式的書面資料時附上諸如在幻燈中放映的曲線圖的話，那就更好了。如果有可能的話還可以在資料中附上有關調查研究步驟的有效性和可靠性方面的證明，以及評價本次調查研究的相關獨立機構的名單。

　　除考慮與這些利益相關者進行溝通的方式風格方面的影響外，還要考慮到提交報告的時間和地點的因素。假如提交時間有限，地點不適合進行正式的提交，最好選擇在以簡略方式提交之前先提交一份書面的研究成果、然後召集一次集體會議來回答某些問題的方式。假如允許有較長的時間進行提交，可以選擇使用一些電子媒介，如電腦、幻燈片，或以圖片的方式說明你的研究發現。假如報告可能會引起特別的爭議，不要使用遞交書面報告的形式，應該親自面對面地提交成果，從而可以立即對一些問題和顧慮做出回應。

　　不管你以何種方式提交研究報告，請求這些利益相關者對此做出回饋非常重要。要確定他們對於研究報告的反應及建議，以及對下一步工作的相關意見。最後，將提交報告會的結果整理為文件，向所有的相關人士發送一份文件，從而正式地進入下一步驟。

　　為此，如果能做到以下幾點或許對你的工作將會有所幫助：

- 確定受眾並使你的陳述符合他們個人資訊溝通的方式；
- 描述本次調查研究的目的和重要性；
- 解釋調查研究數據是如何收集的以及本次調查研究的不足；
- 陳述調查研究發現，主要是強調其中的關鍵點；
- 歡迎提問。

（二）調查研究階段的 5 個「W」

如果想組織一次有效的、成功的活動的話，就需要真正理解下面 5 個「W」。如果能夠很好地回答這 5 個「W」，則對組織一次成功的活動將是非常有益的。

◆ 第一步：WHY —— 「為什麼要舉辦這個活動」

可能答案不是僅僅一個簡單的原因，而是涉及一系列能夠表明舉辦本次活動的重要性等方面的重要原因。

◆ 第二步：WHO —— 「本次活動的利益相關者是誰」

這裡的利益相關者包括內部利益相關者和外部利益相關者兩個部分。內部利益相關者可能包括董事會、員工以及其他相關人士等，外部利益相關者可能包括媒體、政治家、官員以及其他與本次活動相關的人等。進行一次可靠的市場調查研究會有助於深入了解這些相關組織中究竟有哪些人真正與本次活動有關，這無疑將有助於更好地確定活動的針對對象。

◆ 第三步：WHEN —— 「什麼時候舉辦本次活動」

必需要判斷對相應規模的活動而言，現有的調查研究時間約束是否可行，是不是會時間不夠。如果是時間不夠的話，就可能需要重新考慮計畫，考慮要麼改變活動舉辦日期、要麼改變組織運行流程。活動舉辦的時間同時還將涉及決定究竟應該在什麼地方舉辦該活動。

◆ 第四步：WHERE —— 「在哪裡舉辦本次活動」

因為一旦決定了活動的舉辦地點，則同時就意味著組織管理究竟會是一項簡易的工作還是一項具有挑戰性的工作。因此對這個問題應該儘早決定，因為它將影響到其他的相關決定。

◆第五步：WHAT —— 「舉辦一次什麼樣的活動」

這要取決於依據所收集的調查研究資訊決定的目標市場的消費者的需求。要想在滿足組織內部利益相關者的同時滿足外部目標市場利益相關者是一項非常艱巨的任務。因此，對這個「W」一定要詳加分析，以使前面幾個「W」能與之相協調。

在回答了這幾個「W」後，接下來就應該將調查研究的工作重點轉向研究如何以有限的資源來舉辦一項能夠給各利益相關者帶來最大化收益的活動的問題，這也就是要進行所謂的 SWOT 分析。

二、勾畫成功藍圖

（一）勾畫藍圖需要培養創造力

勾畫成功藍圖主要在於創造能力的發揮。創造力是每個成功的活動管理者所必備的要素。設計藍圖的方法有很多，但最重要的是要記住，最優秀的活動設計者需要透過經常「泡圖書館」、看一些電影或電視劇、參觀藝術畫廊、翻閱相關期刊等途徑來保證自身的創作激情。而在實際工作中，腦力激盪法也是一種很好的激發創造激情的方法。在進行腦力激盪會議時要記住兩條基本原則：a. 會上沒有次等的主意；b. 回到第一條原則。此外，以下這些技巧也將對你的創造力的發展有所裨益：

- 每月參觀一個藝術畫廊；
- 每月觀看一次歌劇現場表演，或看一場電影，或看一場舞蹈表演；
- 堅持閱讀大量相關文獻；
- 參加一個音樂、舞蹈、文學、視覺藝術或表演等方面的培訓班，或者參加一個討論團隊；
- 將從上面幾個方面所學到的知識運用到活動管理中去。

（二）藍圖的可行性問題

在確信所勾畫藍圖已經充分考慮並能滿足所有利益相關者的利益之後，應該將本階段的工作重點轉向研究藍圖的可行性問題。

簡單地說，可行性就是有目的地審視活動設計本身，以判斷在可得資源的前提下該設計是否能付諸操作。這是活動在進入實際籌劃之前的最後一關，所以一定要嚴格把關，尤其要注意在財務、人力資源和政治方面的問題。這三者的重要程度將視活動的性質而定。舉個例子：一項盈利性質的或者大型代表性活動需要有足夠的資金投入，因此財務管理往往比較重要；而對於一項非盈利性質的活動可能需要大量的義工人員，因此人力資源管理就更顯重要；而一項民眾性的活動則可能必須依託相當的政治方面的資源才可成功。

（三）財務方面的考慮

應該了解是否有足夠的資金以維持活動的運轉和舉辦，因此也就意味著需要考慮到如果真的出現資金不到位時可能會出現什麼情況。如何償付給債權人？是否有足夠的現金可即時注入以維持活動的繼續運轉？在縝密地分析活動所需現金後以決定在現金支付和現金收入間究竟有多長的時間差？

（四）人力資源方面的考慮

在評估了活動的可行性之後，還需要考慮活動所要求的人力資源的供給問題以及與人力資源管理相關的薪酬設計問題（包括物質方面的薪酬給付和非物質的酬勞）。當然對於一項大型活動而言，更為重要的是還需要考慮這些人員能否形成一個能夠有效運轉的團隊。

（五）政治方面的考慮

　　必須實事求是地注意到政府部門在活動的監督方面所發揮的越來越重要的作用。政治家可能同時從正反兩方面來看活動。活動的正面影響主要表現在為大眾提供了機會以及經濟影響等方面，負面影響主要表現在對市政服務設施的損耗以及破壞的潛在可能等方面。尤其在舉辦大眾性的活動的時候，理解並獲得政治家以及相關官方機構領導者的支持，對活動的正常平穩進行將至關重要。同時，對所有的活動而言，要仔細研究審批程序以確定在舉辦地法律許可範圍內活動是否真正具有可行性。因為沒有正式的官方批准，任何的活動藍圖都只是一個美夢而已。

三、活動的規劃

　　這可能是在整個活動的組織管理過程中歷時最長的一個階段。客觀上看，或許是由於沒有進行詳細、準確的研究和設計而導致的對規劃方案的多次增添刪補等工作拖延了時間。因為畢竟活動是一些人為另一些人提供的，所以其中的確必然存在諸多意外情況，因此，市場調查研究和藍圖勾畫方面做得越出色，則在規劃階段所需費時就越少。在本階段主要是運用時間、空間和速度法則以決定如何最佳分配可直接使用的資源，這些法則運用的有效程度將對活動的最終結果產生重要影響。

（一）時間法則

　　在活動的組織管理過程中，首先會遇到的問題常常是關於客戶究竟想在何時舉辦該項活動方面的，因此，時間法則主要是指究竟有多少時間可供活動的組織管理者進行「分配」。如果沒有足夠的時間的話，活動

組織管理者可能不得不放棄這次機會，否則很可能導致活動無法達到預期的品質要求或者組織的不夠專業，而這又很可能會造成喪失更多未來的機會。能夠用於活動規劃及最後的活動操辦的時間的長短、組織管理者「分配」這些時間的方式會影響到活動的運行成本，有時甚至會影響到活動的成敗。儘管進行準確的時間預算可能需要依賴於大量的實踐累積，但是可以確定的是，時間預算應該包括活動之前的客戶會議、地點考察、溝通以及合約準備等各個方面。同時應該考慮到在時間預算時必須考慮到意外情況發生的可能性。

（二）空間法則

空間法則既包括將舉辦活動的具體的空間位置，同時也包括適於活動的諸多重大決定的時間間隔。時間與空間之間的關係貫穿活動組織管理全過程，正確處理兩者之間的關係對於活動的成功有著非常重要的作用。

舉個例子，1988 年在傑克·莫菲（Jack Murphy）體育場進行大聯盟「超級盃」比賽，中場休息時安排了一場表演，表演活動由一家叫 Radio City Music Hall Productions 的公司負責組織。該公司計劃在表演中使用 88 架豪華鋼琴。然而在表演即將舉行的前一天，在沒有任何事先通知的情況下突然被告知，原定的表演時間被大大壓縮，而且更令人措手不及的是，體育場草皮管理人員出於對下半場比賽的考慮，對鋼琴進入體育場將對草皮產生的損害極度關注。這個例子以及其他諸多相關案例都說明了一點，那就是活動的具體舉辦地點對活動所要求的其他相關組織過程所需時間將產生重要影響。

而且活動的舉辦地點一旦選定，活動地點的位置以及該地點所提供

的物質方面資源將對活動所需的額外時間投入產生顯著影響。比如：如果活動舉辦地點是一個具有歷史意義的、有永久性的裝飾的大廈，則花費在場地布置方面的時間顯然就不需太多，而如果活動是在一個普通的飯店或會議中心或其他「徒有四壁」的地點舉辦的話，為了使活動創造一個合適的氛圍環境，就不得不多投入相應的時間和資金。

　　活動地點的選擇還要考慮到參加活動的目標市場的年齡結構以及類型構成，以及入口、出口問題，包括考慮車輛、道具（包括動物）、有身障的活動參加者的出入問題以及其他任何涉及活動場地進出的因素，考慮進出所需要的時間以決定究竟需要有多少道出入口，考慮停車、公共交通以及其他包括計程車、私人豪華車、旅遊車輛在內的交通工具所需的空間等許多方面的因素。

（三）速度法則

　　顯然，如果活動組織管理者被迫在還沒有充分準備好的情況下將活動付諸實施的話，很可能導致活動低於規範的要求。因此，作為活動組織管理者，必須保證使活動組織管理的每個流程環節都在最佳時間內運行。而這種理想狀況的能否出現很大程度上取決於組織管理者是否擁有了完成活動所需的足夠資訊和資源。

　　像樂隊指揮一樣，確立合適的速度並不是一門嚴格的科學，而只能根據組織管理者自身的經驗、能力等來決定是加快還是減緩活動進展運行的速度。如果能夠很好地分析活動的地點、準確地估計活動所需時間的話，活動組織管理者就能夠更好地就活動的開始、運行以及設備的撤場等制定一個合理的速度或時間表。沒有了這些方面的預先分析，活動組織管理者就好比是一個沒有樂譜的指揮家。此外，如果能夠充分理解

目標市場消費者的需求，也將有助於確立並在活動進行過程中調整速度（比如：如果消費者之所以參加此項活動是希望藉此溝通關係，則應該安排更多的輕鬆休閒時間以便與會各方有足夠的互相交流的時間）。

必須提醒注意的是，活動組織管理者往往根據自己最熟悉的方式來組織管理某次活動，而這也往往會導致忽略掉一些重要的「缺口／縫隙」。為使整個活動能夠盡可能實現「無縫運行」，則要求活動組織管理者在進行規劃的時候充分運用「縫隙分析法」（Gap Analysis）── 可以請相關的專家評估規劃方案並就規劃內含的邏輯思路的缺陷提出建議彌補。

四、執行計畫中的協同

成為一名優秀的活動組織管理者的關鍵因素是什麼？儘管可能不是唯一的因素，但是具有做出英明果斷的決定的能力是非常重要的。因為在這個活動的協同過程中需要組織管理者做出一系列的相關決定。基於組織管理者自身職業訓練和經驗的這些決定正確與否，將對整個活動最後的結果產生極大的影響。在保持一種積極心態尋求應對挑戰的正確對策的同時，運用一些重要的分析方法對所面臨的挑戰進行分析同樣顯得重要。這包括：

- 蒐集所有資訊，並從多個角度分析問題；
- 站在可能受決策影響的人群的立場，從正反兩方面審視決策；
- 考慮決策所可能導致的財政方面的問題；
- 考慮決策所可能導致的道德及倫理方面的問題；
- 果斷決策而不要瞻前顧後。

五、活動後的評估

　　活動的組織管理過程是一個循環的、螺旋式改進的過程，活動評估既是整個活動組織管理程序的最後一個環節，同時也是下一個活動組織管理的開始。因此可以說活動後的評估是在為下一次活動的組織與管理作準備。

　　活動後的評估最常使用的方式是正式的書面調查。也就是在活動結束後馬上針對與會者的滿意度進行追蹤調查。當然這種方式由於從活動「消費」到實際調查之間的時間間隔較短，所以就可能導致與會者還沒來得及好好「消化」參加活動所帶來的體驗，因此無法給出恰當的資訊，導致所得的回饋資訊產生偏差。

　　一種正在被逐漸使用的新的評估方法是活動前與活動後相結合的調查方法。這種方法特別有助於活動組織管理者了解活動是否滿足了與會者的預期。透過這種調查方法可以很好地發現在消費者參加活動前對該活動的期望與最終所得到的實際結果之間是否存在「縫隙」，從而有助於活動組織管理者要麼改善對活動所能得到結果的過高承諾，要麼改善相關組織管理工作以便在下次活動中加以改進，使那些本該帶給消費者的體驗等能真正被消費者所「接收」。

　　不過，無論採取哪種評估方式，切記不要等到活動完全結束後才去了解活動進行得好壞，因為等到那些參加活動的消費者填完調查表，得到的任何資訊對本次活動效果的改善已經沒有任何好處了。因此評估必須注意與活動進程盡可能緊密相隨 [019]，能有助於在運行過程中及時填補「縫隙」。

---

[019] 蓋茲等指出（1997），評估分事前評估、監控評估和事後評估。

資料 2-1 標籤與跟進研究

　　當你希望確定你在一個郊區的區域性購物中心舉行的一項特殊活動期間，消費者具有什麼樣的購買習慣的時候又應該怎麼做呢？使用先進的 APP，你可以在消費者從一個結帳處轉到另一個結帳處時，透過其電子支付的使用來追蹤銷售情況。然而，那些寧願使用現金或支票的消費者又怎麼辦呢？大多數的特殊活動中的購買依賴於現金購買，為了研究目的而進行的追蹤十分困難。這種方法可以使特殊活動的企業家對在大型活動中主要使用現金進行交易的消費者進行追蹤。在這種研究中，研究者隨機地挑選一些願意參加研究的顧客，給他們戴上特殊的標籤或一個徽章，使他們可以被活動現場中受過訓練的觀察員辨認出來。在這些顧客進行交易的時候，觀察員在一旁記錄交易的時間、位置和數量。隨後給予參加者少量的酬勞作為對他們同意參加這項調查的補償。這項研究還沒有得到廣泛的運用，但是，在解決如何追蹤、記錄並解釋參加大型活動的現金消費者的行為這一難題上，這一研究方法給人很大的希望。

資料 2-2 大型活動行業領導人宣言（摘選）

前言

　　大型活動是世界上最大的行業之一，是許多經濟奇蹟發生的根源所在。大型活動不僅是我們的職業，而且是我們的個人使命。透過它，我們可以為成千上萬的人提供服務。大型活動因對我們以及我們所居住的環境產生積極的影響而將成為人類、社會以及企業界發展的一個里程碑。我們恐能力有限有辱該事業而不安，同時又以能成為其中一員而自豪。我們感謝先輩們留下的寶貴遺產，同時又竭盡所能為現在及將來的同仁們做些鋪墊。

大型活動正處於一個關鍵時刻，對環境、技術以及經濟上的挑戰的理解和貢獻將有助於支撐起這一行業的未來。擁有預見性及對知識、能源的恰當使用能力將成為進入這一行業的敲門磚。我們必須推進這一事業的發展，透過培育發展、壯大行業自身以及在社會各行各業、長短期目標間尋找新的支撐點。

在各行各業中，大型活動職業者是一個整體、一個有著相同目標的統一體，擺在我們面前的經濟技術以及環境的挑戰都要求我們堅強地統一起來。在我們的星球上，聯盟與合作存在於每一社會單位、行業及社區之間，因此，所有大型活動職業者應聯合在一起並遵守如下協議：

（一）任務

為了確保又一個繁榮而持久的經濟發展，我們必須：

* 積極行動以確保良好的自然環境，並教育別人來理解其對經濟發展的重要性。

* 提高技術能力以便在提高經濟收入的同時降低成本。

* 為了世界範圍內的教育、社會、經濟利益而結成強大的策略利益聯盟。

* 減少對環境的負面影響和不斷監控環境的變化。

* 在經濟領域積極奉行環保政策，並以此來約束其他人及後代。

* 倡導綠色意識，並以此作為現在及將來和客戶進行合作的切入點。

（二）在提升技術能力降低成本的同時提高品質

* 讓技術融入大型活動的每一個角落。

* 投資於軟體的研究和開發，以此來提高經濟效率和產品品質。

- 為推廣大型活動並使其市場化，鼓勵新技術的開發和使用（如全球資訊網、網際網路）。
- 透過合作降低技術消耗費用。
- 透過擴大交流與合作，在系統內部及外部推廣使用電子辦公系統。
- 為了與新技術同步，大型活動要為員工提供培訓機會。

（三）為了世界範圍內的教育、社會、經濟利益而結成強大的策略聯盟

- 提供具有吸引力的優越條件以吸引高素養的人才。
- 鼓勵更多的人加入大型活動並從中受益。
- 對每一大型活動以及投資做出評價，以確定它們的實際收益。
- 用切合實際的預測來確保經濟的成長，從而平衡員工利益與經濟發展關係。
- 共享投資、利用高品質的可再循環的資源、利用對新技術及環境的了解來降低花費，增加經濟收入。
- 透過工業夥伴建立起合作的買賣關係。
- 發展並鼓勵那些積極履行「綠色工業」的供應商。
- 鼓勵企業將大型活動管理應用到它們的工作任務以及由此所產生的工作成果之中。

◆專業詞彙

調查研究；構思；計劃；協調；評估；專門調查群體；5W 時間法則；空間法則；速度法則

◆思考與練習

大型活動管理者的基本要求是什麼？

◆ 透過互聯網及其他可行方式搜尋相關案例解釋大型活動運作過程中的義工管理問題。

◆ 選擇其中一個方面闡釋環境變化對大型活動管理的挑戰。

◆ 大型活動組織管理需要經過哪些業務流程？

◆ 搜尋一個與大型活動管理業務流程有關的案例並加以簡要分析。

第 3 章
大型活動管理原理

◆本章導讀

　　本章主要介紹在大型活動管理中的基本職能，這是全書的重要基礎。在本章的學習中，應該注意掌握計劃工作的流程、大型活動的目標管理，熟悉大型活動組織結構的設計原理、運行原理，深刻領會大型活動控制的基本程序和有效控制的基本要求。

　　管理活動作為人類最重要的一項活動，廣泛地存在於現實的社會生活之中，凡是一個由兩人以上組成的、有一定活動目的的集體就都離不開管理。大型活動，無論是大型活動專案本身，還是專門從事這項活動的機構，同樣都需要管理。從某種意義上說，大型活動涉及多方面的合作與協調，因而更需要加強管理。雖然現代管理學存在著許多流派，但最適用於大型活動管理實踐的當首選管理過程學派。該學派認為，管理是一個複雜的過程，為了實現系統的協同效應、達到既定目標，就需要對管理活動進行有效的分解。換言之，管理活動或管理過程通常是由一系列管理職能組成的。雖然國內外許多學者從不同角度提出了不同數量和形式的管理職能，但他們共同認可的卻主要有計劃、執行與控制三項基本職能。本章也主要是依照這三項基本職能來闡述大型活動的管理原理，即大型活動的計劃職能、組織職能和控制職能。

第一節　大型活動管理的計劃職能

計劃職能是大型活動管理首要的、基本的職能，它決定和影響了其他兩項職能的執行和實施。為了使大型活動的各個環節能夠協調有序地進行，大型活動機構在開展經營活動之前必須制定嚴密、統一的活動計畫。

一、計劃職能概述

（一）計劃職能的含義

計劃職能有廣義和狹義之分。廣義的計劃職能是指制定計畫、執行計畫和檢查計畫執行情況三個緊密銜接的工作過程。狹義的計劃職能則是指制定計畫的過程，即組織根據實際情況，透過科學的預測，權衡客觀的需求和主觀的可能，提出在未來一定時期內要達到的目標以及實現目標手段和途徑的過程。大型活動的計劃職能僅指其狹義職能，可將其概括為「5W1H」6 個方面，即「做什麼（What to do）」、「為什麼做（Why to do）」、「何時做（When to do）」、「何地做（Where to do）」、「誰去做（Who to do）」、「怎麼做（How to do）」。這 6 個方面的具體含義是：

* 「做什麼」：要明確計劃職能的具體任務和要求，明確每一個時期的中心任務和工作重點。
* 「為什麼做」：要明確計劃職能的宗旨、目標和策略，並論證可行性。

◆ 「何時做」：規定計畫中各項工作的開始和完成的進度，以便進行有效的控制和對能力及資源進行平衡。

◆ 「何地做」：規定計畫的實施地點或場所，了解計畫實施的環境條件和限制，以便合理安排計畫實施的空間組織和布局。

◆ 「誰去做」：計畫不僅要明確規定目標、任務、地點和進度，還應規定由哪個主管部門負責。

◆ 「怎麼做」：制定實現計畫的措施，以及相應的政策和規則，對資源進行合理分配和集中使用，對人力、生產能力進行平衡，對各種衍生計畫進行綜合平衡等。

實際上，一個完整的計畫還應包括控制標準和考核指標的制定，也就是告訴實施計畫的部門或人員，做成什麼樣、達到什麼標準才算是完成了計畫。

（二）計劃職能的特徵

計劃職能的特徵可以概括為目的性、首要性、普遍性、效率性和創造性等 5 個方面。

1. 目的性

每一個計畫及其衍生計畫都是旨在促使企業或各類組織的總目標和一定時期目標的實現。計劃職能是最能夠清楚地顯示出管理基本特徵的一項管理職能。

2. 首要性

相對於其他管理職能，計劃職能處於一切管理活動的首要地位，這不僅是因為從管理過程的角度來看，計劃職能先於其他管理職能，而且

是因為在某些情況下，計劃職能是能夠首先確保管理活動付諸實施的唯一的管理職能。

3. 普遍性

雖然計劃工作的特點和範圍隨各級管理人員職權的不同而不同，但它卻是各級管理人員的一個共同職能。所有的管理人員，無論是總經理還是基層主管都要從事計劃工作。人們常說，管理人員的主要任務是做決策，而決策本身就是計劃工作的核心。

4. 效率性

計劃工作的任務，不僅是要確保實現目標，而且是要從眾多方案中選擇最佳的資源分配方案，以求得合理利用資源和提高效率。即既要「做正確的事」又要「正確地做事」。

5. 創造性

計劃工作總是針對需要解決的新問題和可能發生的新變化、新機會而做出決定的，因而它是一個創造性的管理過程。正如一種新產品的成功在於創新一樣，成功的計畫也有賴於創新。

二、計劃工作的程序

大型活動計劃工作的程序依次包括：估量機會、制定目標、確定前提條件、擬訂可供選擇的方案、評價各種備選方案、選擇可行方案、擬訂衍生計畫和編制預算等 8 個環節。

（一）估量機會

對機會的估量，要在實際的計劃工作開始之前就著手進行，它是計劃工作的一個真正起點。其內容包括：對未來可能出現的變化和預示的機會進行初步分析，形成判斷；根據自己的長處和短處理解清楚自己所處的地位；了解自己利用機會的能力；列舉主要的不確定因素，分析其發生的可能性和影響程度。

（二）確定目標

這一環節是在估量機會的基礎上，為組織及其所屬的下級單位確定計劃工作的目標。要說明基本的方針和要達到的目標，說明制定策略、政策、規則、流程、規劃和預算的任務，指出工作的重點。

（三）確定前提條件

計劃工作的前提條件就是計畫實施時的預期環境。按照組織的內外環境來分，可以將計劃工作的前提條件分為外部前提條件和內部前提條件；按照環境的控制程度，可以將計劃工作前提條件分為不可控的、部分可控的和可控的三種前提條件。前述的外部前提條件多為不可控的和部分可控的，而內部前提條件大多是可控的。不可控的前提條件越多，不確定性越大，就越需要透過預測工作來確定其發生的機率和影響程度。

（四）擬訂可供選擇的方案

通常，最明顯的方案不一定就是最好的方案，在過去的計畫方案上稍加修改或略加推演也不會得到最好的方案。做好這一環節的工作需要

發揮管理人員的創造性。此外，方案也不是越多越好。即使可以採用數學方法、借助 AI 技術的手段，也需要對候選方案的數量加以限制，以便把主要精力集中在對少數最有希望的方案的分析上面。

（五）評價各種備選方案

評價各種方案實質上就是一種價值判斷。它一方面取決於評價者所採用的標準，另一方面取決於評價者對各個標準所賦予的權數。顯然，確定目標和確定計畫前提條件的工作品質，直接影響到方案的評價。

（六）選擇可行方案

這是計劃職能的關鍵環節，也是做出決策的實質性階段 —— 決擇階段。可能遇到的情況是，有時會發現同時存在兩個以上的可行方案。在這種情況下，必須確定出首先採取哪個方案，而將另一個方案進行細化和完善作為備選方案。

（七）擬訂衍生計畫

衍生計畫是總計畫的基礎，是總計畫下的分計畫。總計畫要靠衍生計畫來保證。

（八）編制預算

預算實質上是資源的分配計畫，是把計畫轉化為預算，使之數字化。預算工作做好了，可以成為匯總和綜合平衡各類計畫的一種工具，也可以成為衡量計畫完成進度的重要標準。

三、計劃職能的原理

適用於大型活動管理的計劃職能原理，主要有限定因素原理、許諾原理、靈活性原理和改變航道原理。

（一）限定因素原理

限定因素原理可以表述為：管理者越是能夠了解對於達到目標產生主要限制作用的因素，就越能夠有針對性地擬定各種行動方案。它又被稱作為「木桶原理」，其含義是木桶能盛多少水，取決於桶壁上最短的那塊木板條。該原理顯示，管理者在制定計畫時，必須全力找出影響計畫目標實現的主要限定因素或策略因素，有針對性地採取得力措施。

（二）許諾原理

許諾原理可以表述為：任何一項計畫都是對完成各項工作所做出的許諾，因而許諾越大，實現許諾的時間就越長，實現許諾的可能性就越小。大多數情況下，截止期限往往是對計畫的最嚴厲的要求。首先，必須合理地確定計畫期限；其次，每項計畫的許諾不能太多。如果管理者實現許諾所需的時間長度比他可能正確預見的未來期限還要長，如果他不能獲得足夠的資源，使計畫具有足夠的靈活性，那麼他就應當斷然地減少許諾，或是將他所許諾的期限縮短。

（三）靈活性原理

靈活性原理可以表述為：計畫中展現的靈活性越大，由於未來意外事件引起損失的危險性就越小。必須指出，靈活性原理就是制定計畫時要留有餘地，至於執行計畫，則一般不應有靈活性。本身具有靈活性的

計畫又稱為「彈性計畫」，即能適應變化的計畫。對管理人員來說，靈活性原理是計劃工作中最重要的原理，在承擔的任務重，而目標計畫期限長的情況下，靈活性便顯出它的作用。當然，靈活性是有一定限度的，它的限制條件是：

 - 不能總是以延遲決策的時間來確保計畫的靈活性。因為未來的不確定性是很難完全預料的，如果我們一味等待收集更多的資訊，盡量將未來可能發生的問題考慮周全，當斷不斷，就會坐失良機，招致失敗。
 - 使計畫具有靈活性是要付出代價的，甚至由此而得到的好處可能補償不了它的費用支出，這就不符合計畫的效率性。
 - 有些情況往往根本無法使計畫具有靈活性。即存在這種情況，某個衍生計畫的靈活性，可能導致全盤計畫的改動甚至有落空的危險。為了確保計畫本身具有靈活性，在制定計畫時，應量力而行，要留有餘地。

（四）改變航道原理

計畫制定出來後，計劃工作者就要管理計畫，促使計畫的實施，而不能被計畫所「管理」，必要時可以根據當時的實際情況進行必要的檢查和修訂。因為未來情況隨時都可能發生變化，制定出來的計畫就不能一成不變。儘管我們在制定計畫時預見了未來可能發生的情況，並制定出相應的應變措施，但正如前面所提到的，一來不可能面面俱到，二來情況是在不斷變化，三是計畫往往趕不上變化，總有一些問題是不可能預見到的，所以要定期檢查計畫。如果情況已經發生變化，就要調整計劃或重新制定計畫。就像航海家一樣，必須經常核對航線，一旦遇到障礙就可繞道而行。故改變航道原理可以表述為：計畫的總目標不變，但實

現目標的進程（即航道）可以因情況的變化隨時改變。這個原理與靈活性原理不同，靈活性原理是使計畫本身具有適應性，而改變航道原理是使計畫執行過程具有應變能力，為此，計劃工作者就必須經常地檢查計畫，重新調整、修訂計畫，以此達到預期的目標。

四、計劃職能的要求

（一）做好資訊預測工作，切實改善決策品質

資訊、預測、決策和計畫之間的相互關係是：資訊、預測是決策和計畫的基礎，決策是計畫的核心，計畫是決策的安排。因此做好計劃工作，首先要做好資訊和預測等基礎工作，同時更重要的是，要切實改善決策品質。

（二）在確定目標的同時，要考慮相應的條件和手段

一份完整的計畫或計畫書至少要包括確定預定目標、前提條件和相應手段三部分，三者缺一不可。確定條件實際上是計劃工作中的可行性分析，有了可行性分析才能保證目標的科學合理，從而避免「紙上畫畫，牆上掛掛」有名無實的局面。

（三）確定計畫期限並使不同期限的計畫相互銜接

確定計畫期限是計劃工作中的另一個重要問題，它涉及計畫的許諾和兌現問題。一般來說，期限越長，許諾越大，兌現越難；反之亦然。因此在制定計畫時，要謹慎確定計畫的期限，但這並不意味著計畫期限越短越好，否則就會導致管理中的短期行為。解決計畫期限的一個有效

方法就是滾動式計畫方法。其編制方法是在已編制的計畫的基礎上，每經過一段固定的時期（即滾動期）便根據已變化的環境條件和計畫的實際執行情況，從確保實現計畫目標出發對原計畫進行調整。每次調整時，保持原計畫期限不變，而將計畫期限順序向前推進一個滾動期。滾動式計畫方法依據的遠粗近細的原則，既保證了計畫的準確性，又實現了不同期限計畫的相互銜接問題。

（四）在保持計畫相對穩定的同時，保持其靈活性

計畫作為組織對未來工作的基本安排和行動指南，一經制定不要輕易修正、改變，即保持計畫的相對穩定性。但這並不意味著計畫可以忽略環境條件和執行情況的變化，而拘泥於原有計畫。事實上，計畫只是組織探索未來、適應環境的一種反映形式，一旦環境條件發生了變化，就要做出相應的調整；若環境條件發生重大變化，還要做出重大調整。當然在實際工作中，尤其是制定計畫之前，要盡可能充分地考慮到各種變化，盡量減少頻繁、重大的調整，否則，計畫便失去了存在的意義。

（五）要進行局部試點，並要有資訊回饋

如前所述，計畫只是組織探索未來、適應環境的一種反映形式，不管事前做過多麼充分的調查研究和準備工作，都很難完全準確地規劃未來，即難免有所偏差。偏差越小，失誤越少，自然越好。而實際上，在重大問題的計畫上卻偏差很大，失誤很多。為了減少重大失誤，對於長期的重大問題的計畫一般採取先行試點的方法，即「種實驗田」。這樣可以取得成功經驗和失敗教訓，既完善了原有計畫，也避免了全面推廣可能造成的重大損失。

五、大型活動的目標管理

如前所述，大型活動是一個涉及多個環節、多種因素的綜合性、系統性工程，某個方面在某個階段預定目標的實現直接影響到整個活動總體目標的實現，這就需要加強對整個大型活動各個方面的目標進行有效協調。目標管理作為計劃職能的一個重要方法，無疑為大型活動的計劃管理提供了一種有效的手段。

（一）目標管理概述

目標管理就是指組織的管理者和員工參加目標的制定，在工作中實行「自我控制」並努力完成工作目標的一種管理制度或方法。實際上，就是組織的最高領導層根據組織面臨的形勢和社會需求，透過員工參與制定出一定時期內組織經營活動所要達到的總目標，然後層層分解，要求下屬各部門管理者乃至每個員工根據上級制定的目標和保證措施，形成一個目標體系，並把目標完成的情況作為各部門或個人考核的依據。它具有以下幾方面的特點：

1. 目標管理是參與管理的一種形式

即由上級與下級在一起共同確定目標，目標的實現者同時也是目標的制定者。首先確定出總目標，然後對總目標進行分解，逐級展開，透過上下協商，制定出企業各部門直至每個員工的目標，用總目標指導分目標，用分目標保證總目標，形成一個「目標－手段」鏈。

2. 目標管理強調員工的「自我控制」

大力倡導目標管理的彼得·杜拉克（Peter Drucker）認為，員工是願意負責的，是願意在工作中發揮自己的聰明才智和創造性的；如果我們

控制的對象是一個社會組織中的「人」，那麼我們應該「控制」的只能是人的行為動機，而不應當是行為本身，也就是說必須以對動機的控制達到對行為的控制。目標管理的主旨在於，用「自我控制的管理」代替「壓制性的管理」，它使管理人員能夠控制他們自己的成績。這種自我控制可以成為更強烈的動力，推動他們盡自己最大的力量把工作做好，而不僅僅是「過得去」就行。

3. 目標管理努力促使權力下放

集權和分權的矛盾是組織的基本矛盾之一，唯恐失去控制是阻礙大膽授權的主要原因之一。推行目標管理有助於協調這一對矛盾，促使權力下放，有助於在保持有效控制的前提下，把局面經營得更有朝氣一些。

4. 目標管理注重實際成果

採用傳統的管理方法，評價員工的表現，往往容易根據印象、本人的思想和對某些問題的態度等定性因素來評價。實行目標管理後，由於有了一套完善的目標考核體系，從而能夠按員工的實際貢獻大小如實地評價一個人。目標管理還力求組織目標與個人目標更密切地結合在一起，以增強員工在工作中的滿足感。這對於調動員工的積極性、增強組織的凝聚力形成了很好的作用。

（二）目標管理的過程

1. 建立一套完整的目標體系

實行目標管理，首先要建立一套完整的目標體系。這項工作總是從大型活動機構的最高主管部門開始，然後由上而下逐級確定目標。上下

級的目標之間通常是一種「目的－手段」的關係：某一級的目標，需要用一定的手段來實現，這些手段就成為下一級的次目標，按級順推下去，直到操作層的具體目標，從而構成一種鎖鏈式的目標體系。

2. 組織實施

目標既定，管理者就應放手把權力交給下級成員，而自己去抓重點的綜合性管理。如果在明確了目標之後，作為上級管理者還像從前那樣事必躬親，便違背了目標管理的主旨，不能獲得目標管理的效果。當然，這並不是說，上級在確定目標後就可以撒手不管了。上級的管理應主要表現在指導、協助、提出問題、提供資訊以及創造良好的工作環境方面。

3. 檢查和評價

對各級目標的完成情況，要事先規定出期限，定期進行檢查。檢查的方法可靈活地採用自檢、互檢和責成專門的部門進行檢查。檢查的依據就是事先確定的目標。對於最終結果，應當根據目標進行評價，並根據評價結果進行獎罰。經過評價，使得目標管理進入下一輪循環過程。

第二節　大型活動管理的組織職能

　　在計劃職能確定了組織的具體目標並對實現目標的途徑作了大致的安排之後，為了使人們能夠有效地工作，還必須設計和維持一種組織結構。就是要把為達到組織目標而必須從事的各項工作或活動進行分類組合，劃分出若干部門，根據管理跨度原理，劃分出若干管理層次，把監督每一類工作或活動所必需的職權授予各層次、各部門的管理人員，規定上下左右的協調關係。這些便是組織職能的基本內容。

一、組織職能概述

（一）組織職能的含義

　　從結構的角度來理解組織的職能，就是在分析組織環境的基礎上把總任務，即組織的總體目標分解成一個個具體任務，然後將有關任務合併而組成相應的基本工作單位，即設置部門，同時把權力和責任授予每個部門的負責人的一系列活動。具體來說，組織職能主要包括以下幾個方面的任務：

- ◆ 確定組織目標；
- ◆ 對目標進行分解，擬定衍生目標；
- ◆ 明確為了實現目標所必需的各項業務工作或活動，並加以分類；
- ◆ 根據可利用的人力、物力以及利用它們的最佳途徑來劃分各類業務工作或活動；

- 授予執行有關各項業務工作或活動的各類人員以職權和職責；
- 透過職權關係和資訊系統，把各層次、各部門聯結成為一個有系統的整體。其中，劃分任務、設置部門和授予權責是組織職能的核心。

總之，透過有效的組織工作，使組織結構合理，組織運轉高效，資源分配優化，關係處理得當，積極性得到充分發揮。

（二）組織結構的含義

組織結構就是表現組織各部分排列順序、空間位置、聚集狀態、連繫方式以及各要素之間相互關係的一種模式，它是執行管理和經營任務的體制。管理系統的組織結構猶如人體的骨架，組織結構在整個管理系統中同樣起「框架」作用。

組織結構可以分解為複雜性、正規化和集權化三個方面來理解。複雜性指的是組織分化的程度。一個組織愈是進行細緻的勞動分工，具有愈多的縱向等級層次，組織單位的地理分布愈是廣泛，則協調人員及其活動就愈是困難。組織依靠規則和程序引導員工行為的程度就是正規化。有些組織僅以很少的這種規範準則運作，另一些組織，有些規模雖很小，卻具有各種的規定指示員工可以做什麼和不可以做什麼。一個組織使用的規章條例越多，其組織結構就越正規化。集權化考慮決策制定權力的分布。在一些組織中，決策是高度集中的，問題自下而上傳遞給高級經理人員，由他們選擇合適的行動方案。而另外一些組織，其決策制定權力則授予下層人員，這樣被稱作是分權化。

二、大型活動組織結構設計原理

（一）組織結構設計的依據

1. 組織規模

組織結構設計與其本身規模的關係大致為：組織規模越大，工作就越專業化；組織規模越大，標準作業流程（SOP）和制度就越健全；組織規模越大，分權的程度就越高。

2. 組織策略

美國管理學家邁爾斯（Raymond E. Miles）和斯諾（Charles C. Snow）關於策略影響組織結構的觀點如表 3-1 所示。

表 3-1 策略影響組織結構的觀點

策略	目標	環境	組織結構特徵
防守型策略	追求穩定和效益	相對穩定的	嚴格控制，專業化分工程度高，規範化程度高，規章制度多，集權程度高
進攻型策略	追求快速，靈活反應	動盪而複雜的	鬆散型結構，勞動分工程度低，規範程度低，規章制度少，分權化
分析型策略	追求穩定效益和靈活相結合	變化的環境	適度集權控制，對現有的活動實行嚴格控制，但對一部分部門採用讓其分權或相對自主獨立的方式，組織結構採用一部分系統式，一部分機械式

3. 組織環境

不同的環境形成兩種不同的組織結構，即機械式組織結構與動態式組織結構。一般來說，處於相對穩定狀態中的組織單位都採用機械式的組織結構。實行這種形式的組織單位，往往採用規章制度、工作的高度專業化和權威式的領導者來安排組織的一切活動。動態式組織結構適用於處在不穩定或不可預測環境下的組織。因為環境動盪，要求其組織結構也具有相對靈活的動態性。

4. 組織技術

組織技術一般分為 3 種類型：單一和小批量的生產技術、多樣和大量的生產技術、管道連續性的流水作業生產技術。對於較少變革、相對穩定的技術，適宜採用機械式組織結構形態；而對於多變、不穩定的技術來說，具有較強適應性的有系統的組織結構形態則更有效。

5. 權力控制

羅賓斯（S. Robbins）在長期研究的基礎上總結得出了一個結論，組織的規模、策略、環境和技術等因素組合起來，對組織結構會產生較大的影響，但也只能對組織結構產生 50% 的影響作用。而對組織結構產生決定性影響作用的是權力控制。

（二）組織結構設計的原則

組織結構的設計，就是把為實現組織目標而必須完成的工作，不斷劃分為若干性質不同的業務工作，然後再把這些工作「組合」成若干部門，並確定各部門的職責與職權。總之，組織結構的設計就是對組織內的層次、部門和職權進行合理的劃分。不同的組織形式適用於不同的生

產服務系統，面對充滿複雜因素的實際組織，沒有一種唯一的最佳模式。但是合理的組織結構的設計和維持卻離不開一些最基本的原則。

1. 從客觀到主觀的原則

要保證組織設計的合理性和有效性，就必須首先遵循從客觀到主觀的原則。從組織環境的客觀要求出發，從組織的自身條件和工作目標出發設置組織結構。這裡，組織的環境、條件、目標及其所需要的關鍵活動（職能）被視為客觀，而部門劃分和職責確定相對為主觀。從客觀到主觀的組織結構設計要「因活動（目標職能）設部門，因部門定職責，因職責設人」而不是相反。以往我們一些組織設計組織結構失敗的原因常常是從主觀到客觀，或無視客觀環境、組織目標的變化發展，組織結構長期處於僵化的不適應狀態；或不顧本組織客觀情況，盲目趕流行地變換組織結構；或「因人設部門，因部門設活動」等，結果造成組織效率低下，人、財、物資源極大浪費。

2. 專業化與部門化原則

將總體目標分解為若干分目標，依據分目標設置部門，每個部門都承擔一類特定的工作任務，就是專業化原則。專業化包括勞動專業化、職能專業化和部門專業化。專業化的目的是提高組織的生產效率和管理的有效性。專業化過程可分為專業劃分和部門設置。

專業化程度受兩方面因素的影響：

（1）經濟因素。

當專業化程度很低時，每單位產品的費用很高，效率很低；當專業化程度提高時，每單位產品費用隨之減少，效率隨之提高。因為專業化可以大量使用專業化機械和工具，可以提高人們工作的熟練程度，減少

變換工作的時間損耗和培訓費用。但是當專業化程度達到某一點並繼續提高時，每單位產品的費用也隨之增加，因為過分死板的專業化會造成設備閒置，機構冗員，影響工作效率，使專業化本身的開支超過由專業化所提高的產品效益。

（2）心理因素。

從行為科學角度分析，適度的專業化可以使責任明確，效率提高，但分工過細卻可能給員工帶來極度單調、厭煩和疲勞，看不到自身的價值，還可能產生惰性、推諉。因此，合理的專業化設計和職能範圍的確定，必須根據具體情況，同時考慮經濟成本和心理效應。

部門設置的形態不是唯一的，但是有標準的。部門設置根據組合基礎的不同模式各異，有按組織職能劃分的，有按產品或地理位置設置劃分的，還有按使用者、按工序、按時間劃分部門等方法。其中沒有一種適用於所有組織的部門設置的方法。使用哪種方法合理，須用以下標準衡量：能否最大限度的利用專業技術和知識；能否最有效的使用資金、設備；能否最快地傳遞資訊；能否最大程度地達到組織目標所要求的協調。

3. 管理幅度與管理層次原則

管理幅度是指一個管理者直接領導的下級人數，即一個管理部門所控制的規模。一個管理者能夠有效地直接領導的下級人數稱為有效管理幅度。決定有效管理幅度的條件是：職務的性質和內容，管理者的權利、職能結構的健全程度等。經管理學家研究，高層組織有效的管理幅度為 4 ～ 9 人，基層一般為 8 ～ 12 人。在旅遊接待業，一般認為管理幅度控制在 10 人左右為宜；對於以計劃管理和班組間協調為主的中層管理者來說，管理幅度相對較窄，一般為 7 ～ 9 人；對於以操作管理和作業指導為主的基層管理者來說，管理幅度相對較寬，一般為 9 ～ 11 人。

管理層次指組織指揮系統分級管理的層次設置。如果說管理幅度代表的是組織的橫向結構，那麼管理層次則指組織分級管理的縱向系統。管理層次的確定主要取決於組織所處環境的市場競爭狀況、組織的生產特點和有效的管理幅度。關於大型活動機構具體管理幅度與管理層次的內容將在下一章詳述。

在組織設計中，管理幅度與管理層次呈反比關係，有效的管理幅度與減少管理層次常常是矛盾的。管理幅度的確定直接關係到管理工作的複雜性和有效性。葛列卡納斯（A.V. Graicunas）指出，管理工作中，當管理幅度以算術級數成長時，人與人之間潛在的相互影響的關係數字則以幾何級數成長。那麼，是否可以把管理幅度定得越小越好呢？對於一個管理者來說，管理幅度越小，工作越容易，但卻意味著管理層次的增加，並由此延長資訊溝通管道，影響工作效率。因此合理的組織結構設置必須權衡輕重，兼顧管理幅度和管理層次兩方面的因素。

4. 統一指揮的原則

在組織設計中最基本的關係，就是上級與下級的關係，或者說是權利與責任的關係。處理好這個關係，必須遵守統一指揮的原則。

統一指揮的原則規定，任何人都不應接受一個以上的上級的直接指揮，而且只對這一個上級負責。上級不應越過直接的主管人向下發命令，若管理者確實不稱職，就應該撤換，而不是用越級指揮來代替屬下。兩個以上的多頭領導必然會影響組織的秩序和穩定。按照組織管理的原則，不越級指揮，可以越級檢查下屬的工作；不越級請示，可以越級上告，越級提出建議。統一指揮貫徹了組織原則中的權力、職責，並以此建立正式的組織管道。統一指揮形成了垂直領導的指揮系統，與管理幅度結合便構成金字塔式的組織結構。

貫徹統一指揮的原則，一個組織只應當由一個主要負責人對組織總目標承擔責任和行使權力，其下屬管理人員則逐級對自己的直接領導負責，即對總目標在本部門的實現承擔責任和行使權力。

5. 責、權、利明確且對等的原則

組織結構一經建立，就必須根據職位職務逐級規定嚴格的職責，並授予這些職責以相應的職權，使組織內部每位管理人員都擁有和明瞭與各自職務相等的權與責。在這裡，權力是履行責任的條件，責任使行使權力的目的，兩者必須相等，若不統一必然形成弊病。

組織管理中的盡責用權還必須配以相應的經濟利益。獲取相等的經濟利益是負責者不可侵犯的權力，也是用權者的約束條件。在實際工作中，常有一些人一方面要官要權，另一方面卻逃避責任；同時，由於管理層次越高，管理活動越廣泛、複雜，事情的因果距離越遠，職權職責範圍的確定越困難。為此，我們在明確每個職位職務的責、權、利的同時，還必須注意提高管理者個人的素養，因事設人，視能授權。

6. 授權的原則

授權，即授予下屬一定的職權，使之具有相當的自由行動範圍。授權者對被授權者有指揮、監督之權，被授權者對授權者有完成任務和報告的責任。

授權是一個過程，它包括：

（1）闡明所授事項。

即在授予任務之前，以明確的語言闡明所要達到的最終成果、任務標準、時間速度、權責範圍和權利待遇等。其中明確最終成果尤為重要。所授事項及其原則不要隨意變化，以建立授受雙方的共識。

（2）得到下級已接受並理解授權的回饋。

對於授予的任務，只「告訴一聲」是不夠的，應讓被授權人複述他對接受職權、職責和上級所期望的最終成果的理解，以使下級目標明確。

（3）放手讓下級自己工作。

授權必須基於上下級之間的相互信任，尊重下級，給予他們發揮創造性的機會，對於所授任務除非產生疑問，一般不要直接干涉。應該允許下級犯錯誤，並給予必要的幫助、指導，這與充分信任下級，盡量放手讓下級去做是不矛盾的。

（4）追蹤檢查，適當控制。

一方面，授權應是不推卸責任的授權。由於職責作為一種應該承擔的義務是不可能授予的，所以，上級主管不論授權與否，均須對其下屬的作為負責，對任務的最終完成結果負責。所以授權的同時，必須注意視能授權，並為確保職權能得到恰當運用進行追蹤控制。另一方面，授權的同時應建立具體可行的任務標準，規定權責範圍和報告制度，用一些經濟方法和會計方法監督檢查工作，進行事先和現場的控制，並透過回饋採取補救措施，避免管理失誤。

（5）追蹤控制要適度。

其目的只是用來發現實際執行情況與計畫的偏差程度，視情況給予必要的回報、指導和懲戒，使其不脫離計畫標準，而不是用來干涉下屬的具體活動。但如果下級不能承擔責任而濫用職權，則應給以強硬措施，甚至收回授予的權力。

7. 協調的原則

有分工就需要協調，組織結構的實質就是分工與協調的總和。分工是為了提高效率，形成局部優化，協調的意義則在於使組織中全部活動

和努力，在組織的投入和產出過程中，步調一致地達到整體目標，形成整體優化。協調一方面以科學的組織結構為基礎，因為組織結構是組織目標、組織權力路線、職責關係、資訊傳遞管道的框架，而組織協調的綜合成果正是由這些結合而成的。另一方面，協調又受組織行為活動過程的影響，領導的有效性、組織成員認同的一致性、良好的人際關係、高昂的士氣等是組織協調的基本保證。從這個意義上講，協調表現的是組織之間、部門之間的協調，實際上都是人際關係的協調。因此，組織協調不僅要注意硬體 —— 結構上的協調，還要注意軟體 —— 人際關係的協調。

基於以上認知，組織經營管理首先應以結構、制度、程序作保證，力求形成人人有分工，事事有人管，職責職權既不重複又無缺口的分工協調局面。對此，我們可以採用以下超越部門分工的「中心」機制進行協調，即以「顧客為中心」協調、以「行政權力為中心」協調和以「特別任務機構為中心」協調。此外，我們還可以利用非正式群體的感情因素為組織的協調服務。

8. 穩定性與適應性相結合的原則

組織需要充分的穩定性，它必須有既定的行動目標，有較嚴密的組織結構；必須有較強的領導團隊，必須能承前啟後，以過去的業績為基礎規劃未來，進行再生產；工作必須具有相當的一致性和連續性，即使是在外部環境變化時仍能穩紮穩打進行正常運轉。組織的穩定是組織生存和發展的基礎條件。但是，穩定不等於僵化，由於組織賴以生存和發展的外部環境在不斷變化，組織的目標在不斷變化，分工的方式、部門的設置、職能的界定、有效的管理幅度、集權與分權的程度、人員的素養等都會發生變化，就必須以動態權變的設計觀點和方法，調整組織結

構，使其適應客觀的需要。一個能夠與外部環境保持最佳適應狀態的組織結構才可能是合理的、有活力的、穩定的組織結構。

三、大型活動組織結構的運行原理

組織結構的運行是組織結構動態的一面，它是相對於靜態而言的。設計出的組織結構，僅僅是一個框架，尚處於靜態之中。為了使組織結構在實現目標的過程中做出貢獻，必須使它運轉起來。組織結構的運行主要涉及集權與分權、直線與參謀兩個問題。

（一）集權與分權

集權意味著職權集中到較高的管理層次，分權則表示職權分散到整個組織中。集權與分權是相對的概念，不存在絕對的集權和分權。按照集權與分權的程度不同，可形成集權制與分權制兩種領導方式：集權制指管理權限較多地集中在組織最高管理層，分權制就是把管理權限適當分散在組織的中下層。

集權制的特點是，經營決策權大多數集中於上層主管，中下層只有日常的業務決策權限；對下級的控制較多，下級的決策前後都要經過上級的審核；統一經營，統一核算。分權制的特點是，中下層有較多的決策權，有一定的財務支配權；上級的控制較少，往往以完成規定的目標為限；在統一規劃下可獨立經營，實行獨立核算。

影響集權或分權的主要因素有：

1. 決策的代價

這裡要同時考慮經濟標準和諸如信譽、士氣等一些無形的標準。對於較重要的決策、耗費較多的決策，由較高管理層做出決策的可能性較

大。因為基層主管的能力及獲取的資訊量有限，限制了他們去決策。再者，重大決策的正確與否責任重大，因此往往不宜授權。

2. 政策的一致性

組織內部執行同一政策，集權的程度較高。

3. 組織的規模

組織規模大，決策數目多，協調、溝通及控制不易，宜於分權；相反，組織規模小，決策數目少，分散程度較低則宜於集權。

4. 組織形成的歷史

若組織是由小到大擴展而來，集權程度較高；若組織是由聯合或合併而來，分權的程度較高。

5. 管理哲學

管理者的個性與所持的哲理影響權力的分散程度。

6. 管理者的數量和管理水準

管理者的素養及數量，也影響著權力分散的程度。管理者數量充足，經驗豐富，訓練有素，管理能力較強，則可較多地分權；反之應趨向集權。

7. 控制技術和手段是否完善

通訊技術的發展、統計方法、會計控制以及其他技術的改進都有助於趨向分權。但電子電腦的應用也會出現集權趨勢。

8. 分散化的績效

權力分散化後的績效如何，將會影響職權的分散與否。

9. 組織的動態特性及職權的穩定性

組織正處於迅速發展中，要求分權。原有的、較完善的組織或比較穩定的組織，一般趨向集權。有些問題的處理有很強的時間性，而且要隨機應變，權力過於集中容易貽誤時機，處理此類事項的權力應當分散，以便各管理環節機動靈活地解決問題。

10. 環境影響

決定分權程度的因素中，大部分屬組織內部的，但影響分權程度的還有一些外部因素，例如經濟、政治等因素。這些外部因素常促使集權。正如戴爾（Ernest Dale）寫道：「困難時期和競爭加劇可能助長集權制。」

（二）直線與參謀

直線職權意味著做出決策、發布命令並付諸實施，協調組織的人、財、物，確保組織目標實現的基本權力。參謀職權則僅僅意味著協助和建議的權力，它的行使是保證直線管理者做出的決策更加科學與合理的重要條件。在任何一個現實的組織中，各級管理人員的職責都兼具直線和參謀的因素，它們是使組織活動朝向組織目標的不可分割的整體。

在大型活動機構中，要注意發揮參謀人員的作用，但須注意以下兩個事項：

1. 參謀獨立地提出建議

參謀人員多是某一方面的專家，應讓他們根據客觀情況，提出科學性的建議，而不應左右他們的建議。這不僅說明參謀不僅要獨立地提出

建議，而且還要提出解決問題的方法。參謀不是問題的挑剔者，而是解決問題的倡導者。

2. 直線不為參謀所左右

參謀應「多謀」，而直線應「善斷」，直線可廣泛聽取參謀意見，但永遠要記住，直線是決策的主人。直線人員應像古人所云「周諮博詢，不恥下問，運用之妙，存乎一心」。美國學者艾倫（Alan Lewis）提出 6 個有效發揮參謀作用的準則：

◆ 直線人員可做最後的決定，對基本目標負責，故有最後決定之權；
◆ 參謀人員提供建議與服務；
◆ 參謀人員可主動地從旁協助，不必等待邀請，時刻注意業務方面的情況，予以迅速的協助；
◆ 直線人員應考慮參謀人員的建議，當最後決定時，應與參謀人員磋商，參謀人員應配合直線朝向目標進行；
◆ 直線人員對參謀的建議，如有適當理由，可予拒絕（此時，上級主管不能受理，因直線有選擇之權）；
◆ 直線與參謀人員均有向上申訴之權（當彼此不能自行解決問題時，可請求上級解決）。

第三節　大型活動管理的控制職能

　　控制職能是一個管理過程的最後一項管理職能，同時又為執行下一個管理過程的計劃職能提供依據和標準。正是控制職能的這種承上啟下的樞紐作用，才促成了管理過程周而復始的循環過程。可以說，一個大型活動如果缺乏控制職能或者沒有進行有效的控制，那麼該項活動的管理過程就不算完結，而且接下來的另一項活動也不會有良好的開端。

▌一、大型活動控制職能概述

（一）控制職能的含義

　　簡單的控制可能只涉及批評某位下屬人員，指出他的問題。而廣義的控制工作則涉及管理的其他各種職能，它使管理工作成為一個封閉系統。本章著重論述控制的含義、有效控制的要求、控制的類型以及控制的程序和方法。管理的控制職能，是對組織內部的管理活動及其效果進行衡量和校正，以確保組織的目標以及為此而擬定的計畫得以實現的過程。控制職能是每一位負責執行計畫的管理者的主要職責，尤其是直線管理人員的主要職責。

（二）控制職能的意義

　　控制職能的意義表現在以下兩個方面：

1. 任何機構及其承辦的活動專案都需要控制

這是因為即便是在制定計畫時進行了全面的、細緻的預測，考慮到了實現目標的各種有利條件和影響因素，但由於環境條件是變化的，管理者也受到其本身的素養、知識、經驗、技巧的限制，預測不可能完全準確，制定出的計畫在執行過程中可能會出現偏差，還會發生未曾預料到的情況。這時，控制工作就發揮了執行和完成計畫的保障作用，以及在管理控制中產生新的計畫、新的目標和新的控制標準的作用。透過控制工作，能夠為管理者提供有用的資訊，使之了解計畫的執行進度和執行中出現的偏差及偏差的大小，並據此分析偏差產生的原因；對於那些可以控制的偏差，透過組織機構查究責任，予以糾正；而對於那些不可控制的偏差，則應立即修正計畫，使之符合實際。

2. 使管理過程形成相對封閉的系統

在這個系統中，計劃職能選擇和確定了組織的目標、策略、政策、方案和程序，然後，透過組織領導等職能去實現這些計劃。為了保證計畫目標的實現，就必須在計畫實施的不同階段，根據由計畫產生的控制標準，檢查計劃的執行情況。這就是說，雖然計劃工作必須先於控制活動，但其目標是不會自動實現的。一旦計畫付諸實施，控制工作就必須穿插其中進行。它對於衡量計畫的執行進度，揭示計畫執行中的偏差以及指明糾正措施等都是非常必要的。同時，要進行有效的控制，還必須制定計畫，必需要有組織保證，必需要配備合適的人員，必須給予正確的指導和領導。所以說，控制工作存在於管理活動的全過程中，它不僅可以維持其他職能的正常活動，而且還可以在必要時透過採取糾正偏差的行動來改變其他管理職能的活動。

二、大型活動控制工作的類型

　　控制的類型按照不同的標誌可分成許多種。可以按照業務範圍分為作業控制、品質控制、成本控制和資金控制等，也可以按照控制對象的全面與否分為局部控制和全面控制。這裡主要介紹大型活動管理中最常使用的兩種典型的分類方式。

（一）現場、回饋和前饋控制

1. 現場控制

　　這是一種主要為基層管理者所採用的控制工作方法。它是指管理者透過深入現場親自監督檢查、指導和控制下屬人員正在進行的計畫執行活動的一種控制工作方法。主要形式有：向下級指示恰當的工作方法和工作過程；監督下級的工作以確保計畫目標的實現；發現不合標準的偏差時立即採取糾正措施。因此，它是控制工作的基礎。一個管理者的管理水準和領導能力常常會透過這種工作表現出來。

　　在現場控制中，組織機構授予管理者的權力使他們能夠使用經濟的和非經濟的手段來影響其下屬。控制活動的標準來自計劃工作所確定的活動目標和政策、規範和制度。控制工作的重點是正在進行的計畫實施過程。控制的有效性取決於管理者的個人素養、個人作風、指導的表達方式以及下屬對這些指導的理解程度。其中，管理者的「言傳身教」具有很大的作用。在進行現場控制時，要注意避免單憑主觀意志進行工作。管理者必須加強自身的學習和提高，親臨第一線進行認真仔細的觀察和監督，以計畫（或標準）為依據，服從組織原則，遵從正式指揮系統的統一指揮，逐級實施控制。此外，同期控制的內容還與被控制對象的特點密切相關，對簡單勞動或是標準化程度很高的工作，嚴格的現場

監督可能收到較好的效果；但對於高級的創造性勞動而言，管理者應該更側重於創造出一種良好的工作環境和氛圍，這樣才有利於計畫的順利實現和組織目標的達到。隨著資訊技術的日益發展，即時資訊可以在異地之間迅速傳送，這樣就使得同期控制得以在異地之間實現，而突破了現場的限制。

2. 回饋控制

回饋控制是一種最主要、也是最傳統的控制方式。它是指管理者透過下屬行動結果的控制，來改進下一次行動的品質的一種控制方法。其目的並非要改進本次行動，而是把本次控制作為改進下次行動的依據，透過「吃一塹，長一智」，來改進下一次行動的品質。控制的過程首先從預期和實際工作成效的比較開始，指出偏差並分析其原因，然後制定出糾正的計畫並進行糾正，糾正的結果將可以改進下一次的實際工作的成效或者將改變對下一次工作成效的預期。可見在評定工作成效與採取糾正措施之間有著很多的重要環節，每個環節的工作品質，都對回饋控制的最終結果有著重大的影響。

回饋控制既可用來控制系統的最終成果，也可用來控制系統的中間結果。前者稱為端部回饋，後者稱為局部回饋。局部回饋對於改善管理控制系統的功能起著重要作用。透過各種局部回饋，可以及時發現問題，排除隱患，避免造成嚴重後果。例如工序品質控制、月度檢查、季度檢查等，就屬於局部回饋。它們對於保證最終產品的品質和保證年度計劃的實現無疑起著重要作用。局部回饋與端部回饋之間是一種多重嵌套關係。這種結構是複雜的動態系統的一個主要特徵。

回饋控制具有穩定系統、追蹤目標和抗干擾的特性。這些主要的性質可以用來改善管理控制工作，即可以利用回饋控制具有穩定系統的作

用，當系統不穩定時，就加強回饋控制。例如：當員工對某些問題意見
紛紛，情緒不穩定時，透過開闢對話管道，加強領導與員工的對話，能
夠在一定程度上造成穩定員工情緒的作用。還可以利用回饋控制的隨機
性質，當要控制某個變數時，就以這個變數作為回饋變數。此外，還可
以利用回饋控制抗干擾的性質，對某個受到多種不肯定性干擾影響的環
節，不一定要逐一地去排除干擾，而是設法建立一個局部回饋回路，將
此環節置於其中。

3. 前饋控制

　　僅僅用系統的輸出作為回饋資訊的缺點是，只有當輸出量偏離目標
時，校正作用才能開始產生。因此，這是一種事後控制。特別是對於系
統最終成果的回饋控制，由於系統存在時滯，所以待偏差出現之後，再
採取糾正措施，在有些情況下，可能造成損失已既成事實，無可挽回
了。管理者更需要以下的控制系統：它能在還來得及採取糾正措施時就
告訴管理者資訊，使他們知道如再不採取措施就會出問題了。「防患於未
然」不僅是對計劃工作的要求，也是對控制工作的要求。

　　顯然，實行前饋控制必須建立在對整個系統和計畫透澈分析的基礎
之上，管理者必須對下列兩方面的內容做到心中有數：

◆ 系統的輸入量和主要變數。包括行動中的各項需求因素和要求的各
項條件是什麼？其中波動的可能性最大，同時對行動結果影響很大
的因素是哪些？計劃對它們的要求是什麼？等等。

◆ 系統的輸入量和輸出結果的關係。這包括：以上這些輸入量是如何
影響輸出結果的？如果輸入量發生波動，那麼輸出結果將會如何改
變？等等。

　　在前饋控制中，管理者可以測量這些輸入量和主要變數，然後分析它們可能給系統帶來的偏差，並在偏差發生之前採取措施，修正輸入量，避免最終偏差的發生。可見前饋控制是以系統的輸入量為饋入資訊，而回饋控制則是以系統的輸出量為饋入量，前者是控制原因，後者則是控制結果。

　　事實上前饋控制是一個非常複雜的系統。它不僅要輸入影響計劃執行的各種變數，還要輸入影響這些變數的各種因素，同時還有一些意外的、事先無法預測的因素影響。要進行有效可行的前饋控制，必須滿足以下幾個必要條件：

◆ 必須對計劃和控制系統做出透澈的、仔細的分析，確定重要的輸入變數；

◆ 建立前饋控制系統的模式；

◆ 要注意保持該模式的動態特性（也就是說，應當經常檢查模式以了解所確定的輸入變數及其相互關係是否仍然反映實際情況）；

◆ 必須定期地收集有關輸入變數的數據，並把它們輸入控制系統；

◆ 必須定期地估計實際輸入的數據與計劃輸入的數據之間的偏差，並評價其對預期的最終成果的影響；

◆ 必須有措施保證，前饋控制的作用同任何其他的計畫和控制方法一樣，其所能完成的任務就是向人們指出問題，顯然還要採取措施來解決這些問題。

（二）直接控制和間接控制

1. 直接控制

　　著眼於培養更好的管理者，使他們能熟練地應用管理的概念、技術和原理，能以系統的觀點來進行和改善他們的管理工作，從而防止出現因管理不善而造成的不良後果的控制方式稱之為直接控制。直接控制是相對於間接控制而言的，它是透過提高管理者的素養來進行控制工作的。控制工作所依據的是這樣的事實，即計畫的實施結果取決於執行計畫的人。直接控制的指導思想認為，合格的管理者出的差錯最少，他能覺察到正在形成的問題，並能及時採取糾正措施。因此，直接控制的原則就是，管理者及其下屬的素養越高，就越不需要進行間接控制。

　　（1）直接控制的依據。

　　合格的管理者所犯的錯誤最少；管理工作的成效是可以計量的；在計量管理工作成效時，管理的概念、原理和方法是一些有用的判斷標準；管理基本原理的應用情況是可以評價的。

　　（2）直接控制的過程。

　　採取某種控制行動；對控制行動的結果進行觀察、測定；將觀察、測定的結果與應有的標準比較、評價。

　　（3）直接控制的優點。

* 在對個人委派任務時能有較大的準確性，同時，為使管理者合格，對他們經常不斷地進行評價，實際上也必定會揭露出工作中存在的缺點，並為消除這些缺點而進行專門培訓提供依據。
* 直接控制可以促使管理者主動地採取糾正措施並使其更加有效。它鼓勵用自我控制的辦法進行控制。由於在評價過程中會揭露出工作

中存在的缺點，因而也就會促使管理者努力去確定他們應負的職責並自覺地糾正錯誤。

◆ 直接控制還可以獲得良好的心理效果。管理者的素養提高後，他們的威信也會得到提高，下屬對他們的信任和支持也會增加，這樣就有利於整個計畫目標的順利實現。

◆ 由於提高了管理者的素養，減少了偏差的發生，也就有可能減輕間接控制造成的負擔，節約經費開支。

2. 間接控制

著眼於發現工作中出現的偏差，分析產生的原因，並追究其個人責任使之改進未來工作的控制方式稱之為間接控制。間接控制是基於這樣一些事實為依據的：即人們常常會犯錯誤，或常常沒有察覺到那些將要出現的問題，因而未能及時採取適當的糾正或預防措施。他們往往是根據計畫和標準，對比和考核實際的結果，追查造成偏差的原因和責任，然後才去糾正。實際上，在工作中出現問題，產生偏差的原因是很多的。所訂標準不正確固然會造成偏差，但如果標準是正確的，而不確定因素、管理者缺乏知識、經驗和判斷力也會使計畫遭到失敗。

從業績的評價的影響中可以看到典型的間接控制過程：

◆ 確定應達到的目標標準（可以透過各種方式確定，如有上級管理者規定，或根據作業人員自己的申報透過協商議定）；

◆ 作業人員對工作進行控制；

◆ 一定時期後，管理者對作業人員的成果進行觀察、測定；

◆ 管理者將觀察、測定到的成果與標準比較、評價；

◆ 在比較、評價的基礎上，管理者決定獎懲措施。

間接控制還存在著許多缺點，最顯而易見的是間接控制是在出現了偏差，造成損失之後才採取措施，因此，它的費用支出是比較大的。此外，間接控制的方法是建立在以下 5 個假設之上的：

- ◆ 工作成效是可以計量的；
- ◆ 人們對工作成效具有個人責任感；
- ◆ 追查偏差原因所需要的時間是有保證的；
- ◆ 出現的偏差可以預料並能及時發現；
- ◆ 相關部門或人員將會採取糾正措施。

而實際上，這些假設有時卻不能成立。由此看來，間接控制並不是普遍有效的控制方法，它還存在著許多不完善的地方。

直接控制和間接控制是同一控制系統中並存的兩種過程，兩者在人的要素上有根本區別。如果不能正確掌握兩者之間的區別，很容易導致使用上的混淆和偏差。最容易出現的錯誤行為，是上級管理人員把對作業過程的控制看作直接控制，在作業人員執行任務期間頻繁、細緻地觀察和過問下級的工作。作業人員同樣是有知覺、有感情、有自尊的人，不是執行職能的機器。過多的干涉和過問會傷害下級的自尊心和工作熱情，反而不利於順利實現工作計劃任務。所以，對兩類不同性質的控制，必須有清楚的認知。

三、大型活動控制職能的程序

作為一種封閉系統，控制職能的基本程序包括確定控制標準、評定活動成效、分析衡量結果和採取糾正措施等 4 個環節。

（一）確定控制標準

管理控制過程的第一步就是確定一些具體標準，這是整個控制工作的品質保證。所謂標準，就是評定成效的尺度，它是從整個計畫方案中選出的對工作成效進行評價的關鍵指標。標準的類型一般有時間標準、生產力標準、消耗標準、品質標準和行為標準等。最理想的方式是以可考核的目標直接作為標準。但更多的情況往往是需要將某個計畫目標分解為一系列的標準。

常用的方法有：

- 統計方法，相應的標準稱為統計標準。它是根據企業的歷史數據紀錄或是對比同類企業的水準，運用統計學方法確定的。最常用的有統計平均值、極大（或極小）值和指數等。統計方法常用於擬定與企業的經營活動和經濟效益有關的標準。
- 工程方法，相應的標準稱為工程標準。它是以準確的技術參數和實測的數據為基礎的，工程方法的重要應用是用來測量生產者個人或群體的產出定額標準。
- 經驗估計法，它是由有經驗的管理人員憑經驗確定的，一般是作為上述兩種方法的補充。

（二）評定活動成效

對於評定成效而言，主要問題是如何及時地收集適用的和可靠的資訊，並將其傳遞到對某項工作負責而且有權採取糾正措施的管理者手中。常用的控制方法有：

1. 個人觀察

個人觀察提供了關於實際工作的最直接的第一手資料，這些資訊未經過第二手而直接反映給管理者，避免了可能出現的遺漏、忽略和資訊的失真。特別是在對基層工作人員工作績效的控制時，個人觀察是一種非常有效，同時也是無法替代的衡量方法。

2. 統計報告

統計報告就是將在實際工作中採集到的數據以一定的統計方法進行加工處理後而得到的報告。特別是資訊技術越來越發達的今天，統計報告對衡量工作有著很重要的意義。

3. 口頭報告和書面報告

口頭報告的優點是快捷方便，而且能夠得到立時的回饋。其缺點是不便於存檔查找和以後重複使用，而且報告內容也容易受報告人的主觀影響。兩者相比，書面報告要比口頭報告來得更加精確全面，而且也更加易於分類存檔和查找，報告的品質也更容易得到控制。

4. 抽樣檢查

在工作量比較大而工作品質有比較平均的情況下，管理者可以透過抽樣檢查來衡量工作，即隨機抽取一部分工作進行深入細緻的檢查，以此來推測全部工作的品質。這種方法最典型的應用是產品品質的檢驗。

在選取上述方法進行衡量工作的同時，要特別注意所獲取資訊的品質問題，資訊品質主要展現在以下 4 個方面：

（1）準確性。

所獲取的用以衡量工作的資訊應能客觀地反映現實，這是對其最基本的要求。

（2）及時性。

對那些時過境遷不能追憶和不能再現的重要資訊要及時記錄，資訊的加工、檢索和傳遞要及時。

（3）可靠性。

資訊的可靠性除了與資訊的精確程度有關外，還與資訊的完整性有一種正比關係。資訊可靠性與完整性的關係證明，要提高資訊的可靠性，最簡單的和大多數情況下唯一的辦法，就是盡量多地收集有關的資訊。但是又出現了與資訊的及時性的矛盾，因此，在可靠性與及時性之間幾乎經常要做出折衷，這是一種管理藝術。

（4）適用性。

管理控制工作需要的是適用的資訊，也就是說，不同的管理部門對資訊的種類、範圍、內容、詳細程度、精確性和需用頻率等方面的要求是各不相同的。如果向這些管理部門不加區分地一樣地提供資訊，不僅會造成資訊的大量冗餘，從而增加資訊處理工作的負擔和費用，而且還會給這些部門的管理者查找所需要的資訊帶來困難，造成時間浪費甚至經濟上的損失。

衡量工作是整個控制過程的基礎性工作，而獲得合乎要求的資訊又是整個衡量工作的關鍵。

（三）分析衡量結果

分析衡量結果的工作就是要將標準與實際工作的結果進行對照，並分析其結果，為進一步採取管理行動做好準備。一旦工作結果在容限之外，就可認為是發生了偏差。這種偏差可能有兩種情況：一種是正偏差，即結果比標準完成的還好；另一種是負偏差，即結果沒有達到標準。如

果工作結果出現負偏差，那麼當然更有進一步分析的必要。正因為工作的結果是由各方面因素確定的，所以偏差的原因也可能是各種各樣的。因此，管理者就不能只抓住工作的結果，而應該充分利用局部控制，將工作過程分步驟分環節地進行考慮，分析出偏差出現的真實原因。一般來講，原因不外乎三種：一是計畫或標準本身就存在偏差；二是由於組織內部因素的變化，如行銷工作的統籌不力、生產人員工作的懈怠等等；三是由於組織外部環境的影響，如政策規範的調整等等。事實上雖然各種原因都可以歸結為這三點，但要做出具體分析，不僅要求有一個完善的控制系統，還要求管理者具備綜合的分析能力和豐富的控制經驗。

分析衡量結果是控制過程中最需要理智分析的環節，是否要進一步採取管理行動就取決於對結果的分析。如果分析結果顯示沒有偏差或只存在健康的正偏差，那麼控制人員就不必再進行下一步，控制工作也就可以到此完成了。

（四）採取糾正措施

控制過程的最後一項工作就是採取管理行動，糾正偏差。偏差是由標準與實際工作成效的差距產生的，因此，糾正偏差的方法也就有兩種：要麼改進工作績效，要麼修訂標準。

1. 改進工作績效

如果分析衡量的結果顯示，計畫是可行的，標準也是切合實際的，問題出在工作本身，管理者就應該採取糾正行動。這種糾正行動可以是組織中的任何管理行動，如管理方法的調整、組織結構的變動、附加的補救措施、人事方面的調整等等。總之，分析衡量結果得出是哪方面的問題，管理者就應該在哪方面有針對性地採取行動。

按照行動效果的不同可以把改進工作績效的行動分為兩大類：立即糾正行動和徹底糾正行動。前者是指發現問題後馬上採取行動，力求以最快的速度糾正偏差，避免造成更大損失，行動講究結果的時效性；後者是指發現問題後，透過對問題本質的分析，挖掘問題的根源，即弄清偏差是如何產生的、為什麼會產生，然後再從產生偏差的地方入手，力求永久性地消除偏差。可以說前者重點糾正的是偏差的結果，而後者重點糾正是偏差的原因。在控制工作中，管理者應靈活地綜合運用這兩種行動方式，特別注意不應滿足於「救火式」的立即糾正行動，而忽視從事物的原因出發，採取徹底糾正行動，杜絕偏差的再度發生。

2. 修訂標準

在某些情況下，偏差還有可能來自不切實際的標準。這種情況的發生可能是由於當初計劃工作的失誤，也可能是因為計畫的某些重要條件發生了改變等等。發現標準不切實際，管理者可以修訂標準。但是管理者在做出修訂標準的決定時一定要非常謹慎，防止被用來為不佳的工作績效作開脫。管理者應從控制的目的出發作仔細分析，確認標準的確不符合控制的要求時，才能做出修正的決定。採取管理行動是控制過程的最終實現環節，也是其他各項管理工作與控制工作的連接點，很大一部分管理工作都是控制工作的結果。

四、大型活動有效控制的要求

（一）控制系統應切合管理者的情況

控制系統是為了協助管理者行使其控制職能的。因此，建立的控制系統必須符合管理者的情況及其個性，使他們能夠理解它，進而能信任

它並自覺運用它。為此,一些明智的專家是不願向他人去炫耀自己是如何的內行,而寧願設計一種使人們容易理解的方法,以便使人們能夠運用它。這樣的專家願意正視這一點,即如果他們能從一個雖然粗糙,但卻是合理的方法中得到 80% 的好處,那麼總比雖然有一個更加完善但不起作用,因而一無所獲的方法要好得多。

(二)控制工作應確立客觀標準

管理難免有許多主觀因素在內,在那些需要憑主觀來控制的那些地方,管理者或下級的個性也許會影響對工作的準確判斷。但是,如能定期地檢查過去所擬定的標準和計量規範,並使之符合現時的要求,那麼人們客觀地去控制他們的實際執行情況也不會很難。因此,可以概括地說,有效的控制工作要求有客觀的、準確的和適當的標準。

但應盡力使其定量化。雖然客觀標準可以是定性的,問題的關鍵在於,在每一種情況下,標準都應是可以測定和可以考核的。

(三)控制工作應具有靈活性

控制工作即使在面臨著計畫發生了變動,出現了未預見到的情況或計畫全盤錯誤的情況下,也應當能發揮它的作用。雖然一個複雜的管理計畫可能失常,但控制系統應當報告這種失常的情況,並能保持對運行過程的管理控制。換言之,如果要使控制工作在計畫出現失常或預見不到的變動情況下保持有效性的話,所設計的控制系統就要有靈活性。一般說來,靈活的計畫有利於靈活的控制。但要注意的是,這一要求僅僅是應用於計畫失常的情況,而不適用於在正確計畫指導下人們工作不當的情況。

（四）控制工作應講究經濟效益

即控制所支出的費用必須是划算的。這個要求是簡單的，但做起來卻常常很複雜。因為一個管理者很難了解哪個控制系統是值得的，以及它所花費的費用是多少這個限定因素是有經濟效益的，在很大程度上決定了管理者只能在他認為是重要的方面選擇一些關鍵問題來進行控制。因此可以斷言，如果控制技術和方法能夠以最小的費用或其他代價來探查和闡明偏離計畫的實際原因或潛在原因，那麼它就是有效的。

（五）控制工作應有糾正措施

一個正確的有效的控制系統，除了應能揭示出哪些環節出了差錯，誰應當對此負責外，還應確保能採取適當的糾正措施，否則這個系統就等於名存實亡。應當記住，只有透過適當的計劃工作、組織工作、領導工作等方法，來糾正那些已顯示出的或所發生的偏離計畫的情況，才能證明該控制系統是正確的。

（六）控制工作要具有全局觀點

許多管理者在進行控制工作時，就往往從本部門的利益出發，只求能正確實現自己局部的目標而忽視了組織目標的實現，因為他們忘記了組織的總目標是要靠各部門及成員協調一致的活動才能實現的。因此，對於一個合格的管理者來說，進行控制工作時不能沒有全局觀點，要從整體利益出發來實施控制，將各個局部的目標協調一致。

（七）控制工作應面向未來

一個真正有效的控制系統應該能預測未來，及時發現可能出現的偏差，預先採取措施，調整計畫，而不是等出現了問題再去解決。

◆專業詞彙

　　計劃職能；限定因素原理；改變航道原理；目標管理；組織職能；
管理幅度管理層次 授權；直線職能；參謀職能；控制職能；現場控制；
回饋控制前饋控制；有效控制

◆思考與練習

　◆ 如何理解計畫的各種特徵？計畫的各種流程包括哪些步驟？

　◆ 如何理解目標管理？其特點是什麼？

　◆ 組織結構設計的依據是什麼？應遵循哪些原則？

　◆ 現場控制有哪些特點？其品質取決於哪些因素？

　◆ 直接控制和間接控制的區別表現在哪些方面？

　◆ 控制程序的基本步驟有哪些？

　◆ 有效控制的基本要求有哪些？

第 4 章
大型活動的組織

◆本章導讀

　　本章主要闡述大型活動的組織內容、程序和形式，是大型活動管理原理在實踐中具體應用方法的總結與展開。透過本章學習，應了解大型活動創意和策劃的方法、程序與經典策劃方案的基本特徵，熟悉大型活動關鍵環節的設計內容與基本標準，理解、區分並正確處理大型活動機構和大型活動專案機構在組織結構及功能方面的差異與兩者之間的相互合作關係。

　　合理而有效的組織是各種大型活動成功的基礎。大型活動英語詞彙「event」來源於拉丁語詞彙「evenire」，意為「結果」。大型活動的組織要透過資訊的收集、分析和科學的設計，為大型活動實現預期的結果提供組織保障。

第一節　大型活動策劃

　　大型活動策劃是在調查研究的基礎上，進行有目的的設計，以達到
預期的活動結果。在進行大型活動策劃的過程中，應全面收集和細緻分
析各種相關資訊，充分考慮各種機遇和各種挑戰，提出創新性設計方
案，最終透過設計方案的實施滿足顧客需求和願望。

一、大型活動創意

　　大型活動參加者的消費觀念在不斷變化，最早重視價格，之後重視信
譽，現在更重視創意。受市場影響，大型活動贊助商或合作夥伴也把創意
看成一個大型活動成功與否的重要標誌。因此，具備獨特的大型活動創意
能力，就成為成功承辦機構區別於其他一般承辦機構的主要特徵。

（一）大型活動創意的條件

　　建立創新型組織機構是獲得良好創意的首要條件。建立一個創新型
機構需要長時間的努力，要注意培養每一位員工的創新意識，鼓勵他們
根據其個人特點提出創新設想和建議。只有每一位員工的創意潛力都得
到釋放，整個團隊的創意能力才能形成並不斷增強。

　　如何才能形成獨特的創意能力呢？首先，必須創造一個易於產生創
新思想的工作環境。其次，必須根據創意工作程序各個階段的特點，應
用適宜的創意技巧。

（二）大型活動創意的工作程序

關於創意的工作程序，人們一般認為在各種企業內流行的腦力激盪（小組自由討論）是創意工作程序的起點和終點。但是，在大型活動創意的工作過程中，腦力激盪雖然是創意程序中的重要組成部分，但並不是起始點。

大型活動創意工作一般要經歷 4 個階段：調查研究、討論、提出和完善。一旦了解創意工作程序，就能夠根據其各個階段的特點，運用相應的技巧來收穫理想的創意果實。

創意時，最容易出現的失誤就是跳過調查研究階段，直接醞釀（其中包括傳統的腦力激盪）主題思想。如果不完全了解大型活動的目的，不徹底理解委託方的意願，一切創意都是空想。因此，創意必須首先要進行調查研究，理解清楚活動的目的和委託方乃至活動參加者的需求。

在醞釀階段，要在對已有資訊進行分析的基礎上形成初步設想。醞釀分為被動醞釀和主動醞釀兩種。被動醞釀屬於個人行為，且不能施加外部壓力，只能自然思考，使各種想法和思路自然生成和流露。這可能在晨練時，也可能在日常工作中，也可能在吃飯時，也可能在睡夢中發生。主動醞釀是集體互動行為，並可施加外部壓力和限定時間。其主要形式是傳統的腦力激盪法，即小組成員扮演不同角色，自由發表意見，提出各種設想，尋求解決問題的答案。在這種情況下，提出的設想越多，解決問題的答案越多，則創意成功的機率越高。

對各種設想進行反覆推敲和論證之後，較為成熟的主題思想會自然流露，基本創意隨即誕生。經過綜合整理，即可提出備選創意方案。

如果不具備可行性，創意將毫無意義。完善階段的主要任務，就是使創意方案由抽象的概念變為可行的方案。

（三）大型活動創意生成的一般過程

創意的生成一般要經歷「夢想」、「集思廣益」、「組合創新」、「營造氛圍」4 個過程：

◆夢想

即開啟夢想之門，記錄下日所思和夜所想，歸類存檔以備後用。

◆集思廣益

即發動本機構員工、委託方甚至某些觀眾參加腦力激盪等各種形式討論，並重視腦力激盪帶來的每一個設想和建議，有時看似荒誕的觀點可能生成市場上的賣點。

◆多數創意

並非原始創新而是組合創新。組合創新如同魔方變幻，變化無窮，常變常新。這就要求創意參與者透過協同努力找出最佳組合創意。

◆營造氛圍

就是透過播放音樂，釋放腦力激盪的自然想像力。如果腦力激盪陷入僵局，不妨試試更換會場或到野外郊遊，新的環境往往有助於開拓思路，使人們茅塞頓開。

■ 二、大型活動經典創意概念

在大型活動主題開發實踐中，主題的來源大致有 3 個，即舉辦地的特殊地理環境（如海洋、森林和沙漠等）、特殊文化環境（文藝、體育和宗教等）和特殊歷史環境（古都、歷史人物和歷史事件等）。

　　一個好的主題創意可能會使一次大型活動取得巨大成功。但是，實踐證明，採用一個毫無把握的創新概念要比採用有把握的經典概念失敗率要高得多。因此，在大型活動主題的創意上，應堅持優先完善經典概念、其次嘗試全新概念的原則。目前國際上流行的經典創意有以下幾種：

（一）狂歡概念

　　主題活動發源於西方的化妝舞會（masquerade）。18 世紀初，化妝舞會開始在歐洲大陸和英國流行，成為貴族和平民共同狂歡的主題活動。此後，世界各地許多重大活動都舉辦由化妝舞會演變而來的化妝遊行、彩車遊行和狂歡遊行。巴西里約熱內盧森巴狂歡節、德國慕尼黑啤酒狂歡節和義大利威尼斯水城狂歡節都已成為享譽世界的大型主題活動。狂歡概念有助於營造盛大、熱烈、歡樂、全民參與的活動氛圍，因而被各種大型活動所廣泛採用。由於各國的歷史文化背景不同，狂歡活動的主題也千變萬化，西方國家有聖誕節、感恩節和情人節等，東方也出現了火把節、潑水節等。

（二）贊助概念

　　大型活動一般都具有某種程度的公益性，其目的是宣傳活動主題所代表的目的地形象、社會意識或人生理念，如世界濕地日。大型活動場館的觀眾容量是有限的，但大型活動主題的支持者是難以估量的。為了鼓勵更多的人參與大型活動，表達對活動主題的支持，組織者可以透過鼓勵贊助的形式使不克或不願親臨活動現場的企業和個人也能間接參與活動。此概念適用於大型公益活動和行業促銷活動，贊助者通常是注重企業形象的大公司和行業組織，也包括一些經常出差或商務繁忙的社會名流和富商巨賈。

（三）評獎概念

　　評獎活動不僅為參賽的優秀選手和精美展品提供了展示舞臺，而且為觀眾認識和欣賞優秀選手和精美展品提供了難得的機會。由權威人士或社會名流為評比獲獎選手和展品頒獎，無疑會吸引眾多的觀眾，其中既包括頒獎者也包括獲獎者（獲獎展品）的同事、下屬、親友、崇拜者、愛好者、審美者和好奇者等。評獎活動本身以及與評獎主題相適應的場面宏大、設計新穎的頒獎儀式和豐富多彩的表演節目更使評獎活動具有強大的現場吸引力，從而使其成為最經典的大型活動創意概念。評獎主題是決定此類大型活動觀眾類型及數量的關鍵因素，具有較大影響力的評獎主題有影視類、文學類、競技類、商品類、科技類、服裝表演類和選美類等。

（四）慈善概念

　　它是一種慈善捐助活動，通常採用慈善義賣、慈善義演和募捐聚餐等組織形式。義賣活動的義賣品由企業或家庭捐獻，義買者須購票入場。捐獻品一方面透過門票收入和拍賣收入形式轉化為慈善捐款，用於慈善事業，另一方面以較低的拍賣價格成為義買者特殊的紀念收藏品或生活用品。義賣品可以是任何有價值的物品，如名人穿過的衣物、公司更換下來的辦公家具、家庭自製的食品甚至旅遊協會組織的免費旅遊活動等。

　　慈善義演是招募志願演員進行義務演出，演出所得除必要的成本外全部用於慈善事業。慈善義演也可以不組織任何現場演出，這可以使慈善活動組織機構節省募集的資金，同時可使捐助者節省觀看義演所必須付出的時間和汽油費、停車費等。在這種情況下，活動組織機構可以從募集的捐款中撥出部分款項，在約定的義演時間贊助一場與活動主題有

關的電視節目，如慈善活動調查報告、智力競賽或由公益團體喜愛的影視明星主持或出演的晚會等。

在組織募捐聚餐時，一般按隨機方式，對購買同樣門票的捐助者給予不同食物。有的享用「大魚大肉」，有的只能吃「粗茶淡飯」，從而使捐助者親身感受貧富不均現象的存在，激發其捐資救貧的熱情。

三、大型活動環境設計

環境設計的基本要求是烘托主題和滿足顧客的需求。環境設計的主要手段是展現 5 種感覺，即聽覺、視覺、觸覺、嗅覺和味覺。

（一）聽覺環境設計

音響系統和音響效果是製造大型活動良好聽覺環境的基本要素。聽覺環境包括背景音樂、主題音樂和演講擴音效果，應該與大型活動主題協調一致，能夠烘托主題，產生獨特和強烈的聽覺感染效果。

（二）視覺環境設計

視覺環境主要由符號系統和視覺效果來營造。它主要包括各種標牌、標語和標示，應該能夠引導活動參與者體驗和感受活動主題。其中，標示為大型活動的圖形標誌，必須保持畫面、比例、展示方式的一致性和連貫性，從而產生持續不斷的視覺強化感應力。

（三）觸覺環境設計

觸覺環境由可觸摸感覺的物質材料系統所構成，主要包括活動節目單、宣傳手冊、紀念品、桌布、餐巾等。觸覺環境可以引導活動參與者感受大型活動規格和風格，從而烘托其主題。

（四）嗅覺環境設計

嗅覺環境由人造或自然氣味來營造，在大型活動的不同階段和不同場合嗅覺環境應有所變化，以滿足顧客在不同條件下對嗅覺感受的不同要求。香水和蠟燭的使用有助於營造西方歷史和宮廷嗅覺氛圍，植物和花卉的使用有助於營造鄉野和田園嗅覺氛圍，水果（或果味香水）和巧克力香料有助於營造宴會嗅覺氛圍，松脂或松樹的使用有助於營造聖誕慶典嗅覺氛圍，焚香和檀香的使用有助於營造中國皇宮和寺院嗅覺氛圍。然而氣味的應用要注意濃度的控制，還應設置中性場所，以便適應不同顧客的不同需求。

（五）味覺環境設計

味覺環境主要由食品和飲料系列構成。食品與飲料的選擇既要滿足活動參與者嘗鮮的需求與飲食習慣的需求，又要反映大型活動的主題與背景特徵。青年與老年顧客在食品與飲料的辛辣、甜酸需求程度上有著較大的差異，東方與西方活動、官方與民間活動、戶內與戶外活動在食品與飲料的規格、擺設與用餐方式上也有著明顯差異。

（六）綜合環境設計

大型活動的環境要符合並烘托大型活動主題，為大型活動實現預期目標奠定基礎。因此，在運用環境設計的 5 種感覺手段時，應注意彼此的協調和最終的綜合效果。活動參與者因文化、年齡、性別等方面的差異對 5 種感覺的反應各有不同，這就要求設計者針對具體活動和活動的主體客群進行調查，從而確定主體感覺手段，並圍繞主體感覺手段協調次要感覺手段，最終實現最佳的綜合感覺效果。

四、大型活動場館設計

　　大型活動場館是指慶典儀式、主題活動和專題研討會等大型活動主要項目的舉辦場所。它們不僅是大型活動主題的展示中心，而且是大型活動客流聚集中心，因而除上述環境設計原則要在這些場館得到具體展現之外，還要特別強調場館的充足容納量和全面安全性，以保證大型活動的順利進行和安全舉辦。場館設計的關鍵要素包括容量、安全性和可進入性。

（一）場館容量設計

　　場館設計要求達到環境氛圍、觀眾感受與活動主題高度協調。其中，活動主題是設計線索，環境氛圍是烘托主題的工具，觀眾感受是活動主題的影響對象。在主題線索既定不變的條件下，場館設計主要解決環境氛圍與觀眾感受之間的矛盾，其中主要矛盾是觀眾使用空間與環境景觀使用空間的矛盾。一方面，觀眾需要舒適的空間以增強體驗活動主題的效果，其空間需求面積隨著觀眾人數的增多而自然增加。另一方面，環境景觀需要充足的空間以烘托活動主題，其空間需求面積隨著造景設施設備數量的增加而自然擴大。

　　場館設計的主要方法是根據活動組織目標來預測和確定特定場館的觀眾數量，根據觀眾感受活動主題所需的單位空間，計算觀眾使用空間。其餘空間用於分配烘托活動主題所需的設施設備。其計算公式和步驟如下：

1. 計算觀眾使用空間

計算公式：AS ＝ TA×US

其中，AS 代表觀眾使用空間，TA 代表觀眾總人數，US 代表人均使用空間標準。

例：一個 200 平方公尺的義賣場地，預期接待 120 位義買顧客，每位顧客平均使用空間確定為 1 平方公尺，則顧客使用空間為：

$$AS ＝ 120×1 ＝ 120m^2$$

2. 計算環境景觀使用空間

ES ＝ TS － AS

其中，ES 表示環境景觀使用空間，TS 表示場館空間總面積，AS 表示觀眾使用空間。

續例：上述義賣場地環境景觀使用空間為：

$$ES ＝ 200 － 120 ＝ 80m^2$$

（二）場館安全設計

在場館安全設計方面，首先應確認備選場館的建築承重力，這決定著該場館能否安裝所需的大型設備，能否進行雜技、集體操等劇烈動作表演活動。其次，應按照當地關於消防法規的規定確定場館的最大客容量，並設計合理的火災逃生路線圖和滅火救生方案。再次，應配合警察

部門和場館保全部門制定活動期間的治安方案，重點是防止場館設施設備毀壞、觀眾財物失竊和人身傷害事件的發生。

在場館環境設計方面，既要突顯和烘托主題，又不能因此而威脅到觀眾的安全，特別要保證觀眾頭頂、腳下、兩側的環境裝飾物牢固可靠。在人行通道、緊急出口、溼滑地面和稜角突出的地方，應分配充足的照明光線，並設置明顯的警告標誌。

五、大型活動交通運輸設計

大型活動交通組織的主要任務是為大量臨時聚集的人流提供多種模式的交通方式，以有效解決大型活動期間的交通堵塞和停車難問題，提高大型活動交通運輸的安全性和效率，保證大型活動的順利進行。大型活動交通運輸的組織，要求活動機構與相關政府部門、公共運輸部門和私營運輸部門密切合作，制定周密的交通運輸計畫，包括大型活動期間交通安全計畫、臨時公共交通計畫、臨時班車計畫和臨時停車場計畫。

提高大型活動交通運輸安全性和效率的設計方法主要有：鼓勵使用公共交通方式，以減少大型活動主要交通路線的交通量和主要活動場館的停車量；選擇適當的交通運輸時間，以避開當地的交通尖峰時段；選擇適當的路線，以避開當地的大流量堵塞路段；選擇與居住地距離較近、較為集中的活動場館，以減少總體交通客運量；鼓勵步行和騎腳踏車，以減少對運輸工具的需求量；透過各種管理手段，減少大型活動期間的貨物運輸量，如選擇設施設備齊全的活動場館、在活動正式開始之前提前運輸和安排夜間運輸等。

在大型活動交通運輸設計中，主要活動場館的可進入性是一個容易被忽略但又十分重要的環節。許多大型活動由於重要嘉賓或大量觀眾不

能準時入場而被迫推遲開幕式時間，或由於大型設施無法運進場館而影響藝文表演的效果，結果導致大型活動主題組織目標難以實現，組織機構在公眾中的形象嚴重受損。一般場館的建築設計標準很難適應大型活動交通運輸組織的要求，這主要表現在缺少或沒有大型設施裝卸場地和觀眾停車場地。此外，許多地方還限制或禁止貨運車輛在某些繁華街區和主要道路上行駛。因此，大型活動機構必須與公共交通行政管理部門、運輸企業和相關場館密切溝通與協商，設計周密的交通運輸方案，包括運輸路線和時間安排、大型設施裝卸方案、場館周邊臨時停車場地租用或劃界，以及相應的安全保障措施等。

第二節　大型活動機構的組織結構

大型活動的組織是透過一定的組織機構和各種人員的作用，把大型活動組織中的資金、物資和資訊轉化為可供出售的活動產品，使計畫由觀念形態轉化為現實形態的過程。

一、組織管理的內容

大型活動組織管理的主要內容包括組織設計、人員配備、組織運轉和組織變革。

（一）組織設計

組織設計的目的是對大型活動機構內部員工的工作分工與合作關係做出正式、規範的安排，建立一種有效的組織機構，保證大型活動經營目標的實現。

1. 組織設計的依據

（1）策略因素。

不同的策略要求不同的業務活動，策略重點的轉移要求組織機構進行相應的調整。

（2）環境因素。

市場經濟、計劃經濟以及各種經濟模式發展的不同階段都會影響組織機構的設計與調整。

（3）技術因素。

科學技術的發展程度以及大型活動機構應用高新科技的程度，對大型活動機構的組織結構有著重要影響。技術越先進，技術應用程度越高，組織結構就越簡單，組織效率也就越高，組織內部人員分配也就越少。

（4）規模與等級。

規模越大，資質越高，大型活動機構組織結構越複雜。

2. 組織設計的內容

（1）組織結構系統圖。

是展示大型活動機構具體組織結構的網路示意圖，它將大型機構中各部門的設置情況、職責、業務範圍以及各部門之間的協調關係用圖表方式展示出來。

（2）職務說明書。

是對組織結構中各個職務（職位）的工作內容、職責和權力，與組織中其他部門和職務的關係，該職務承擔者必須具備的基本素養、技術知識、工作經驗、處理問題的能力等條件的具體規定和描述的文件。

（二）組織設計的步驟

1. 職務分析

根據大型活動機構經營目標的分解，確定組織機構所需各種管理職務和服務職位的類別和數量，以及擔任這些職務和職位人員的職責和素養要求。

2. 確定管理層次和管理跨度

　　根據大型活動機構的規模、等級、業務性質、管理要求等，確定相應的管理層次與管理跨度。大型活動機構管理層一般分為決策層（總經理）、管理層（部門經理）、協調（協調員）三級。管理跨度應根據不同管理層次、工作性質和特點確定。通常層次較高管理幅度較小，層次較低管理幅度較大。

3. 部門劃分

　　依據一定形式，把各種職務和服務職位組合成部門，形成大型活動機構組織管理的分工與合作關係。

二、組織結構

　　組織結構是大型活動機構內部分工與合作的基本框架。它透過事先規定組織的管理對象、工作範圍和聯絡管道等，保證大型活動的組織管理有序而高效地進行。因此，組織結構是大型活動機構內部的指揮管理系統。

（一）組織結構的類型

1. 直線制

　　它是上下垂直的組織形式，其優點是結構簡潔，職權和任務明確；其缺點是對突發事件處理遲鈍和僵化。

2. 職能制

　　它是在最高決策層下，按專業橫向分設管理職能部門。其優點是提高了專業化程度，增強了處理突發事件的能力；其缺點是如果分工過細，容易造成多頭領導。

3. 直線－職能制

它是由經營垂直指揮系統與職能橫向協調系統結合而成。其優點是在提高經營業務部門指揮效率的同時，強化了專業職能部門的監督與參與作用。

（二）組織結構的具體形式

1. 直線制

直線制組織結構，為傳統的組織結構形式，一般是大型活動機構初創階段普遍採用的組織結構。它按照大型活動機構經營的要求，在大型活動經理的直接指揮下運行。其特點是，分工明確，便於協調，管理高效。它主要依賴於經理高超的綜合專業技能，因此僅適用於處在初期經營階段的規模較小的大型活動機構。

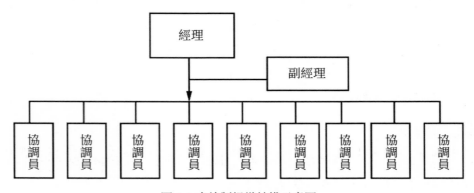

圖 4-1 直線制組織結構示意圖

2. 職能制

　　職能制組織結構，是在大型活動經營對系統運行特定要求基礎上形成。它按照最大程度滿足顧客對大型活動環境需求、最大限度降低系統運行成本的特定目標，把組織相應劃分為銷售與行銷、組織經營、人力資源開發三大職能系統，採用橫向組合方式，由部門經理統籌計畫、協調並落實計畫。其特點是，有利於實現大型活動經營總目標，便於各部門內部以及與其他部門的相互合作。

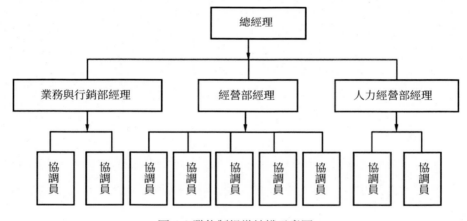

圖 4-2 職能制組織結構示意圖

3. 直線－職能制

　　國際上目前較為通行的大型活動機構的組織結構為動態型直線－職能制，它縱向分為決策層、職能管理層、技術協調層 3 個管理層次，橫向分為會計、銷售、行銷、經營、設計、人事、福利等職能部門。

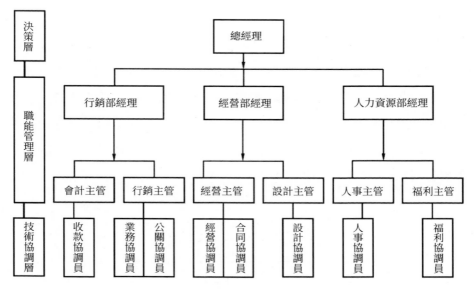

圖 4-3 直線－職能制組織結構示意圖

（三）組織創新

在大型活動經營的外部環境或內部環境發生重大變化時，如出現經濟危機、社會動盪、企業經營持續擴張或持續虧損等情況，大型活動機構必須進行組織創新或重組。

1. 組織創新的主要方式

大型活動機構主要透過以下幾種方式進行組織創新：

* 以人為中心，改變成員態度及工作關係；
* 以結構為中心，調整管理跨度，實行扁平化等；
* 以經營過程為中心，根據新的「經營過程」進行重新組合，成為「過程組織」。

2. 組織創新的過程

大型活動機構進行組織創新的一般過程是：

◆ 確定必要性；

◆ 確定目標；

◆ 分析問題原因；

◆ 確定創新內容和方式；

◆ 制定並實施創新方案；

◆ 檢查結果，尋找改進途徑。

（四）組織文化的構建

組織文化是組織成員共有或共享的價值觀體系，是代表大型活動機構全體成員的一種共同認知和行為規範。

組織文化包含5個要素：企業環境、價值觀、英雄人物、文化禮儀、文化網絡。其中，企業環境是前提，價值觀是核心，英雄人物和文化禮儀是具體表現，文化網絡是溝通傳播管道。

三、職位職責

（一）職位編制

在選擇合理的組織結構類型之後，大型活動機構應根據管理目標和管理任務進行編制。職位編制主要是在組織結構框架內進行職位設置和人員分配，以適當的人員充實組織結構所規定的職位，從而保證組織的正常運行。職位和工作人員的數量在一定時期相對穩定，但隨著大型活動機構的經營範圍不斷擴大和業務量的不斷增加，以及組織內部管理效

率和協同作用的不斷提高，職位編制長遠來看也是一個持續改進的動態調整過程。

根據管理學理論，在職位編制中應遵循有關管理幅度、管理層次和人員總量控制等普遍性規律。在管理活動中，管理者受認識和情報處理能力的制約，其有效協調人數有一個客觀的限度，即管理幅度。在旅遊接待業，一般認為管理幅度控制在 10 人左右為宜。對於以計劃管理和班組間協調為主的中層管理者來說，管理幅度相對較窄，一般為 7 ～ 9 人；對於以操作管理和作業指導為主的基層管理者來說，管理幅度相對較寬，一般為 9 ～ 11 人。如果管理幅度過窄或過寬，就會造成人力資源浪費或管理混亂等不良後果。

管理幅度的有限性必然帶來管理層次問題。管理層次是指由幾個人或職務組成一個小團體，而這個小團體又歸屬於另外一個更大的部門，如此不斷遞進，便形成管理層次，亦稱組織層次。管理幅度擴大，會減少管理層次；管理幅度縮小，則會增加管理層次。在常見的大型活動機構直線－職能制組織結構中，一般採取高層決策－中層管理－低層協調三個管理層次，人數較少的大型活動機構採取經理－協調員兩個管理層次的情況也很常見。管理層次的選擇以有利於提高大型活動經營效益為基本原則。

（二）職位職責

採取直線－職能制組織結構的大型活動機構，根據其職能和工作任務，一般設總經理、部門經理（含職能主管）、技術協調員 3 個管理層次，其職位職責分述如下：

1. 總經理職位職責

　　總經理（含副總經理）的職責是進行大型活動經營的重大決策，包括機構的經營方針、發展策略和市場開發策略等。具體包括：

- 本機構的經營目標、經營方針和經營理念。
- 本機構的發展策略：策略目標、策略任務與策略措施。
- 組織結構的選擇與重要職位管理人員的任命。
- 目標市場的確定，市場形象的選擇，市場開發策略思想。
- 財務管理策略目標與投資、融資基本思路。
- 機構內部的跨部門協調以及與機關外部的總體協調。

2. 部門經理職位職責

　　部門經理（含職能主管）的職責是按照總經理的經營決策，具體制定並實施本部門的經營計畫。

- 貫徹執行總經理的指令，負責本部門的日常管理，對總經理負責。
- 主持部門工作例會，檢查部門工作日誌，確保工作正常運轉。
- 全權調配本部門員工，為顧客提供良好的服務。
- 安排日常的工作，並監督檢查工作結果。
- 制定本部門的年度工作計畫及月度實施方案，報總經理批准後執行。
- 組織日常巡視和現場巡視，及時解決各種問題並妥善處理顧客投訴。
- 制定部門制度、操作規程和要求，並督導員工執行。
- 進行本部門人事管理，合理安排、調配及考核評估員工。
- 組織安排下屬員工及義工人員的技術培訓與經驗交流。

◆ 進行本部門預算管理，控制本部門開支費用。

◆ 維持並協調與合約單位、活動委託單位的工作關係。

3. 技術協調員職位職責

技術協調員的職責是根據部門經營計畫，組織和協調大型活動各具體環節的日常工作，保證合約單位員工和社會義工人員按照規定的程序和標準提高服務品質。

◆ 根據活動設計方案和實施方案，對職責範圍內活動環節進行組織與協調。

◆ 督促合約單位按照合約規定提供活動場地、設備和服務人員。

◆ 協同合約單位按照活動設計方案和實施方案組織既定活動。

◆ 協調處理活動過程中出現的突發事件和投訴案件。

◆ 負責對下屬員工及義工人員的技術培訓、考核及督導檢查工作。

◆ 做好技術協調檔案的建立和管理工作。

第三節　大型活動專案的組織結構

　　旅遊目的地的大型活動是整個旅遊產品體系的重要組成部分和分支體系，而大型活動產品分支體系又由時間連續、主題相關的多種大型活動專案所構成。每一大型活動專案都是以特定形式、特定內容直接或間接地服務於旅遊目的地旅遊業發展總體目標，從各個角度和層面樹立和強化旅遊目的地總體形象。大型活動各個專案必須透過合理的統籌分配，才能在給定活動期間和活動領域完成其具體任務，從而使大型活動產品分支體系的功能得到充分發揮。

一、大型活動專案組織的特點

（一）大型活動專案的定義

　　大型活動專案是以大型活動產品分支體系發展目標為指導，以大型活動產品分支體系統一主題為線索，在預定時間和地點範圍內必須完成的相對獨立的具體任務。因此，大型活動專案是大型活動產品分支體系的活動細胞，它可以是大型活動產品分支體系的分階段任務，也可以是大型活動產品分支體系的分主題任務，但無論其任務形式如何，其任務性質都必須是明確而固定的，即實現大型活動產品分支體系的發展目標和烘托大型活動產品分支體系的統一主題。

（二）大型活動專案組織的特點

大型活動專案是在一定活動時間、一定活動領域內的具體活動任務，而這一具體任務的確定、內容、範圍、可支配資源和完成途徑等是由相關部門根據旅遊業或相關行業發展在特定階段和特定領域的具體要求來決定的。由於大型活動專案的組織社會影響面廣、涉及部門多、跨越時間長、專業跨度大，因而具有以下幾個特點：

1. 管轄關係複雜

大型活動專案對舉辦地正常的社會、經濟、文化秩序有較大影響，必須得到當地警察、工商、行業主管部門的批准，對於國際性和全國性大型活動還要得到政府單位的批准，才能合法舉辦。

大型活動專案一方面主題類型眾多，涉及各個行業和領域；另一方面同一主題專案又包含多種類型的活動，同樣涉及各個行業和領域。因此，大型活動專案一般要根據現行行業政策法規規定，向相關部門申請通過批准，獲得舉辦大型活動的各種批件，審批手續複雜，耗時較多。比如：一個城市舉辦國際旅遊節，包括各種慶典儀式、國際旅遊交易、國際飯店設備與技術展覽、國際藝文表演等專項活動，則必須根據相關規定向各級政府旅遊、工商、警察、貿易、文化等主管部門申請通過批准和獲得許可。

2. 組織關係複雜

各種大型活動專案在客觀上都在一定程度上影響著舉辦地社會經濟的整體形象，在主觀上又在一定程度上借助舉辦地政府部門的權威或名義增強活動吸引力。因此，在國內實踐中，大型活動組織關係都較為複雜，既有活動的主辦單位，又有活動的協辦單位，同時還有活動的承辦

與贊助單位。比如：國際性和全國性大型活動由中央政府主辦，市、縣內大型活動由相應級別的政府或政府主管部門主辦，相關政府部門或行業組織一般為大型活動的協辦單位，而具體策劃、舉辦大型活動的企業或機構則以承辦單位的角色出現，為大型活動提供資金、實物或勞務贊助的單位或企業、參展商和廣告商等一般被列為贊助單位。

3. 協調關係複雜

　　大型活動在專案管轄、專案組織、專案投入和專案利益分配等方面涉及眾多部門、行業、企業和個人，因此在專案組織實施過程中必然產生十分複雜的協調關係。歸納起來，大型活動專案的協調關係主要有外部協調和內部協調兩大類。其中，外部協調關係包括與政府相關部門之間的行政管理協調關係，與相關行業組織之間的行業協調關係，與贊助商、供應商和廣告商之間的經濟協調關係，與所在社區之間的社會協調關係，與目標市場之間的市場行銷協調關係等等。內部協調關係包括專案主辦、協辦、承辦、贊助之間的權利與義務協調關係，專案組織機構（組織委員會）內部的管理層次協調關係，專門委員會之間的職能與專業分工協調關係，與專案分包商的經濟合約協調關係，與活動參與者（特邀嘉賓、新聞記者）的公關協調關係，與活動參加者（消費者）的商品交換協調關係等等。值得注意的是，當政府相關部門或相關行業組織成為活動專案的主辦或協辦單位時，以上複雜的協調關係將大大簡化，並在一定程度上使專案管轄關係、組織關係和協調關係納變得相對簡單且容易處理。

二、大型活動專案的組織結構

（一）形式組織結構

　　與相對固定的企業組織結構不同，大型活動專案的組織結構具有臨時性特點，一旦專案完成，臨時機構自動解散。為了在短暫的活動期間突顯大型活動專案重要性和權威性，除了具體負責專案運作的實際組織機構 —— 組織委員會以外，大型活動專案一般還設立由主辦、協辦、承辦、贊助等單位構成的形式組織結構。

1. 主辦單位

　　大型活動專案的主辦單位在法理上應當是計劃專案的主要策劃、制定和實施者，應當對大型活動專案的實施承擔主要權利和義務。主辦單位主要負責制定並實施舉辦對外經濟技術展覽會的方案和計劃，組織招商招展，負責財務管理，並承擔舉辦展覽的民事責任。承辦單位主要負責布展、展覽施工、安全保衛及會務事項。但在大型活動實踐中，主辦單位的角色多數由相應級別政府或政府主管部門擔當，這就使政府同時扮演了大型活動專案的行政管理和企業管理雙重角色，其中行政管理是實，而專案主辦是虛。即使有些大型活動專案由行業協會或科學研究機構擔當主辦單位，但受制於大型活動組織的複雜性和專業性，實際主辦單位依然是那些擁有專業組織經驗、專業人才和專業設備的各類會議、展覽或廣告公司。

2. 協辦單位

　　大型活動專案的協辦單位是企劃專案的協助策劃、制定和實施者，一般是為專案計畫和實施提供政策、諮詢、技術、組織等支持的政府相

關管理部門、相關行業組織、相關科學研究機構和承辦單位的業務合作夥伴。

3. 承辦單位

大型活動專案的承辦單位是受主辦單位委託具體執行和實施企劃專案的機構，但在大型活動組織的實踐中，承辦單位通常是專案企劃真正的策劃、制定和實施者。大型活動的承辦者一般是政府主管部門、行業組織、行業諮詢機構、科學研究機構、會展公司、大型活動企劃顧問公司和相關行業的知名企業。

4. 贊助單位

大型活動專案的贊助單位是為大型活動專案提供資金、實物、場地、技術、勞務等各種形式贊助的大機構和大企業。這些單位主要是透過贊助的形式表示對大型活動主題的支持，同時借助大型活動的各種宣傳管道和媒體展示機會樹立本機構或企業的形象。

（二）運行組織結構

大型活動運行組織結構是指負責專案運行的實際組織指揮系統，它一般表現為大型活動組織委員會形式。對於規模較大、時間較長、組織較難的大型活動，還在組委會之下設置若干專門委員會。

1. 組織委員會

大型活動一旦通過批准，即交由臨時組建的組織委員會負責運行，統籌組織和實施專案企劃。大型活動組委會是組織、管理、實施大型活動專案的臨時性專門機構，主要由主辦單位和承辦單位指定的代表構成，同時也吸收少量協辦和贊助單位代表參加。其主要職能包括：

- 全面負責大型活動專案的組織與管理工作；
- 制定和組織實施大型活動專案實施方案；
- 制定和執行籌資計畫和財務預算；
- 制定和組織實施宣傳與市場行銷企劃；
- 制定和組織實施各類主題和分主題活動企劃；
- 制定和組織實施招商與招展計畫；
- 制定和組織實施相關商貿活動和旅遊活動；
- 制定和組織實施場館設計、租用（含建設）與裝潢計畫；
- 制定和組織實施人力資源（含義工）開發計畫；
- 制定和組織實施服務接待計畫；
- 制定和組織實施客貨運輸計畫；
- 制定和組織實施安全衛生計畫等。

2. 專門委員會

專門委員會是大型活動組委會下設的專業職能機構，負責制定和組織實施特定專項業務的具體實施方案。專門委員會的數量取決於大型活動的性質、規模、時間跨度和組織工作的複雜程度，但其主要工作類型和職責可以概括在以下幾個典型的專門委員會之中。

（1）宣傳委員會。

負責制定和執行宣傳與市場促銷實施方案，包括：承包各種大眾宣傳和商業廣告，起草大型活動各類文件，提供活動舉辦地資訊，設計大型活動標示、圖片、海報、海報、傳單等，發布大型活動新聞和公告，制定禮儀規範，聘請翻譯，設計和印製活動日程和節目單，起草、印製和寄送感謝信等。

（2）工程委員會。

負責制定和執行場館設計與施工方案，包括：選擇和預訂活動場館、場館裝潢和建築設計、繪製場館與設施分布圖、場館安全保衛工作、制定緊急情況應急備案、交通與停車場管理。此外，還負責與政府相關部門聯繫，申請辦理舉辦大型活動的各種許可和批件。

（3）財務委員會。

負責起草和執行預算，包括：監督和控制收費與支出、記帳、支付勞務報酬、募集資金、收取並轉存支票、製作財務報告、招攬贊助商和展覽商等。

（4）餐飲委員會。

負責制定和執行餐飲服務實施方案，包括：設計菜單、採購食品、菜餚製作與供應、租用和安排餐飲設施與設備等。

（5）接待委員會。

負責制定和執行接待服務實施方案，包括：設計和實施大型活動評獎活動與評獎方案、選擇定點飯店和家庭接待點、接待來賓並安排住宿、安排活動期間的社交活動、招募義工並制定義工工作日程、安排慶典儀式、清潔場地。

（6）票務委員會。

負責制定和執行門票銷售計畫，包括：門票需求預測、門票設計、門票定製、售票和座位控制等。

（7）舞臺與展覽委員會。

負責制定和執行舞臺表演與展覽活動實施方案，包括：選擇和安排劇場，編制節目單，安排排練與演出，布置舞臺（與工程委員會合作），布置展覽，策劃評獎和頒獎儀式，負責控制燈光、音響和舞臺設備，安排研討會與講座等。

（8）主題與裝潢委員會。

負責制定和實施大型活動主題設計方案，包括：開發和細化主題、篩選並確定分主題、根據主題進行主場館和分場館的裝潢。

（9）交通委員會。

負責制定和組織實施交通運輸計畫，包括：租用客車與貨車、編制運輸時間表、招募司機、協助確認活動代表的航班、機場接送等。

◆專業詞彙

大型活動創意；大型活動策劃；大型活動設計；腦力激盪；狂歡概念；贊助概念；評獎概念；慈善概念；場館容量；技術協調員；贊助商；主辦單位；協辦單位；承辦單位；組織委員會；專門委員會

◆思考與練習

- ◆ 試述大型活動創意的工作程序。
- ◆ 簡述大型活動環境設計的主要手段。
- ◆ 透過結構系統圖闡述大型活動機構的直線－職能制組織結構。
- ◆ 大型活動機構總經理的職位職責是什麼？
- ◆ 大型活動專案的組織有哪些特點？
- ◆ 大型活動專案組織委員會有哪些具體職能？

第 5 章
大型活動的協調

◆本章導讀

　　本章主要闡述大型活動協調的基礎、內容、流程和方法。協調是大型活動專案得以成功組織實施的基本保障。透過本章學習，應了解大型活動協調的必要性和基本條件，明確大型活動協調的對象和一般程序，掌握大型活動時間和空間協調的具體方法與特點。

第一節　大型活動協調的基礎

　　大型活動的協調旨在平衡內外部的各種關係，使大型活動各項組織工作協調一致，保證大型活動順利進行並取得成功。

一、大型活動協調的必要性

　　大型活動的舉行與經營涉及多個部門和行業，專業化程度越來越高，分工越來越細，每項工作都需要眾多人員和眾多程序的協同合作才能完成。大型活動企業為綜合性企業，各個部門相互制約、相互依賴。大型活動服務既要面對賓客，又要面對外界組織。因此，必須發揮管理的協調職能，才能在業務、部門、對客、對外等各個方面協同合作，達到舉行與經營大型活動所必須的平衡關係。

二、大型活動協調的條件

（一）資訊溝通

　　資訊溝通是發揮管理協調職能的前提條件，沒有資訊溝通，就無法了解活動的真實情況，也就無法進行針對性協調。良好的協調，是大型活動各方參與者之間高效且持續不斷溝通的結果。因此，大型活動管理者必須在整個管理過程中確保所有參與者及時掌握所需資訊、彼此密切聯絡。以下是提高溝通效率的 5 種基本方法：

- 建立溝通監控機制，確定參與各方發出和接受資訊的最佳管道；
- 避免使用可能受到噪音、視覺等各種干擾的溝通方式；
- 對所有書面溝通文件要求接受方簽收回覆，以確認接受方收到並正確理解資訊內容；
- 使用 YouTube、Tik Tok 等非傳統溝通方式，以便更好地儲存資訊，增強資訊感染力；
- 對更改指令的資訊，必須採取書面溝通方式。對涉及增加、減少、替換服務或產品的更改指令的資訊，必須要求相關客戶和其他責任人書面簽收。

（二）整體利益

大型活動組織委員會由各方代表組成，這些成員有可能把個人的觀點、偏見、利益融入大型活動企劃中。因此，大型活動管理者有責任說服有關成員放棄個體利益來保全大型活動的整體利益，只有透過委員會的一致共同努力才能達到大型活動的最終目的。

大型活動管理者可以親自進行團隊訓練，也可以聘請專家來幫助進行團隊訓練。比如：在大型活動的籌備過程中，舉辦一系列由大型活動參與各方參加的非正式社交活動，讓參與者互相了解，增進友誼。在此過程中，管理者應透過細緻的觀察，發現誰能適應團隊合作，而誰不適應團隊合作，需要管理者進行針對性說服工作。

（三）可依賴性

大型活動的主要特點之一是依賴於大量義工的參與。而義工由於其辛苦的奉獻得不到應有的回報，往往感覺自己並沒有義務準時按約定的

時間履行自己職位，甚至不一定必須到場。許多大型活動管理者對此傷透腦筋，不得不安排多出需求量的 25% ～ 50% 的義工，以確保大型活動不因部分義工的遲到或缺席而受到影響。雪梨奧運會組委會採用了一套新穎別緻的護照制度，來加強對 6 萬名 2000 年奧運會義工的協調管理。每個義工都發給一本個人護照，以便在其參加每項義工工作時蓋章，當其個人護照蓋滿章後，便可以參加組委會為義工舉行的抽獎活動，得到物質上的獎勵。

在大型活動管理中，準時意味著「提前」。大型活動在舉辦之前、之中、之後存在大量難以預料的變數，這就要求活動舉辦方和義工提前到達活動現場，從而在參加活動的賓客或活動贊助商抵達之前發現潛在的問題並加以解決。

增強義工可依賴性最簡便易行的方法，就是招募可依賴的志願人員。應建立每個義工準時出勤情況和出勤率的紀錄檔案，從而根據紀錄檔案選擇未來的志願人員。在義工招募或面試過程中，要仔細檢查每位應募人員的個人資料和履歷表，確保其良好的守時習慣和可依賴性有助於大型活動的順利進行。在招聘大型活動協調員時，那些傾向於在活動開始之前半個小時甚至一個小時到場的求職人員才有資格獲得這些職位。因為協調員往往需要半個小時以上的時間與會場停車場、保全部、工程部進行協調，才能保證與會者按時進入各種設備齊全並準備就緒的活動場所。

（四）信任

大型活動的管理者必須贏得活動參與者的普遍信任，才能透過有效的協調手段調動活動參與者的積極性，並依靠參與者的共同努力圓滿完

成大型活動的籌備工作。活動參與者一般不是盲目地信任管理者，而是
根據自己理智的判斷來決定什麼時候和在多大程度上信任管理者。管理
者在大型活動籌備過程中所表現的一貫的正確行為和公正決策，是其贏
得信任的關鍵。管理者的行為和決策一旦表現為前後不一、游移不定、
脫離實際或失之公允，那麼他本人也就失去了可以信任的基本成分。管
理者必須透過自己的不懈努力才能獲得活動參與者的信任並使這種信任
得以維持。

（五）合作

　　大型活動有效協調的另一個重要基礎是促成活動參與各方的密切合
作。由於活動參與者在個性、專業、經歷、文化背景等方面存在巨大差
異，所以創造一個能夠使眾多參與者密切合作的氛圍是一項艱巨的任
務。營造合作氛圍的關鍵在於闡明舉辦大型活動的目的，只有在明確的
目的指導下，活動參與者才能共同合作，最終滿足大型活動委託方和賓
客的需求。

第二節　大型活動協調的對象與程序

■ 一、大型活動協調的對象

　　大型活動協調的對象分為客體對象和主體對象兩種。客體對象包括人力、時間、資金、技術和活動場館。與此相對應，主體對象包括：與人力資源相關的地方旅遊局、旅遊協會、旅遊管理公司、旅遊風景區管理公司、學校、公關公司和廣告公司等；與時間管理相關的日程安排軟體公司、組委會及各專門委員會、活動參與者與參加者；與資金相關的投資商、贊助商和捐助者；與技術相關的網路公司和電腦軟硬體公司；與場館相關的旅遊風景區、飯店、餐館、餐飲供應商、會展公司和旅遊局等。

　　有分工就需要協調，組織結構的實質就是分工與協調的總和。分工是為了提高效率，形成局部優化，協調的意義則在於使組織中全部活動和努力，在組織的投入和產出過程中，步調一致地達到整體目標，形成整體優化。協調一方面以科學的組織結構為基礎，因為組織結構是組織目標、組織權力路線、職責關係、資訊傳遞管道的框架，而組織協調的綜合成果正是由這些結合而成的。另一方面，協調又受組織行為活動過程的影響，領導的有效性、組織成員認同的一致性、良好的人際關係、高昂的士氣等是組織協調的基本保證。從這個意義上講，協調表現的是組織之間、部門之間的協調，實際上都是人際關係的協調。因此，組織

協調不僅要注意硬體──結構上的協調，還要注意軟體──人際關係的協調。

　　基於以上認知，組織經營管理首先應以結構、制度、程序作保證，力求形成人人有分工，事事有人管，職責職權既不重複又無缺口的分工協調局面。對此，我們可以採用以下超越部門分工的「中心」機制進行協調，即以「顧客為中心」協調、以「行政權力為中心」協調和以「特別任務機構為中心」協調。此外，我們還可以利用非正式群體的感情因素為組織的協調服務。

■ 二、大型活動協調的過程

（一）準備階段

　　任何協調活動都是圍繞著共同的努力目標而進行的。在大型活動的準備階段，協調的重點是確定活動目標，並根據活動目標選擇活動的主題以及與該主題相適應的大型活動類型、觀眾類型、場館與設備類型等。

　　根據活動目標，確定活動主題及相應的活動、觀眾、場地、設備類型之後，具體協調工作落實在協調活動的主體和客體對象上，即協調主辦、承辦和合作單位的關係，明確大型活動合作夥伴所承擔的責任與義務，如提供何種場館，承擔多少組織費用，提供何種住宿和飲食服務，提供何種社交設施，如何號召當地義工，提供何種機場和火車站接送服務等。

　　為了順利協調活動舉辦方與活動參加者之間的經濟利益關係，在準備階段還應制定財務政策，特別是規定大型活動特邀表演團體、代表團

和觀察員所應享受的待遇和接待規格，比如食宿、參加社交活動、觀看演出等費用由誰承擔。根據國際慣例：

- 大型活動特邀嘉賓應自理前往指定集合地點（國際機場或火車站）或由指定集合地點返回的交通費，包括簽證費、機場費和保險費。
- 特邀嘉賓在大型活動舉辦期間應享受免費住宿。
- 特邀嘉賓應自備零錢。
- 一般觀眾自理所有費用。

大型活動往往需要透過募集資金來補充經費，但募集資金作為大型活動重要的組成部分，其目的不僅僅是為了獲得資金。如果單純追求募集資金的數額，大型活動將失去其未來持續發展的吸引力基礎 —— 大型活動的公益性。因此，必須透過有效的協調手段，透過募集資金活動獲得集資、宣傳和增強持續發展能力等三種綜合效益。

集資效益表現為有形的「現錢」（cold cash）收入，包括現金、支票、匯票、各種實物或服務贊助等。這些現錢一旦使用，將永遠消失。宣傳效益表現為無形的「暖暈」（warm fuzzies）現象，包括形象、資訊、公共關係、公眾教育，以及聲譽的樹立、傳播與維持等。這種效益雖然是無形的，但卻非常現實，有助於該組織或公司在今後更容易募集到資金。持續能力效益表現為持續的「熱潮」（hot flashes）現象，包括富有經驗的組織者、源源不斷的新思路、穩定的義工來源、多管道的贊助商來源以及由此產生的持續發展能力。這種效益厚積薄發，增強了活動承辦組織或公司的持續發展能力。

大型活動成功與否的關鍵是什麼？成功舉辦大型活動的創意可能無窮無盡，但追根究柢必須滿足一個條件，即「用某種東西換取贊助者手中的鈔票」。那麼大型活動用什麼東西換取贊助者手中的鈔票呢？透過幫

助贊助商影響公眾、樹立形象、宣傳產品和結識新顧客。大型活動本身存在的主要問題是難以盈利。大型活動的發起者、主辦者和贊助者有的追求公眾教育目標，有的追求形象塑造目標，有的追求市場促銷目標，但幾乎沒有追求直接盈利目標。就大型活動本身而言，一般屬於非盈利公益活動而不是盈利性商業活動。

　　大型活動舉辦方一般用募集資金的 50% 就可以舉行一項成功的活動，但有時也會貼錢舉行活動。根據某些大型活動特定的舉行目的，即使略有盈餘甚至沒有盈餘也會被認為是成功的。此類活動舉辦目的包括：吸引媒體或公眾的注意，感謝捐助者、義工或員工，公眾教育，尋求新的捐助者和義工，爭取顧客和使用者參加活動等。

　　根據國外大型活動的經驗，每集資 100 美元，需要一個義工 2 個小時的工作時間。對義工的勞動沒有統一付酬標準（編按：臺灣的義工人員不支薪）。每計劃銷售 100 張門票，需要 10 個售票義工。隨著票價的提高，每個售票義工能夠售出的門票數量會相應下降。如果採取有獎銷售的辦法，則獎勵金額越高，每個售票義工能夠售出的門票數量越大。門票銷售最有效的途徑是面向朋友銷售，其次是在購物區、步行商業街和社區中心兜售。設立門票銷售櫃檯或透過廣告銷售大型活動門票效果往往並不理想。

　　應該注意的是有些售票義工是自己花錢把票買下，而不是把票出售給觀眾。其結果可能是大型活動會場空位太多，從而使舉辦方尤其是特約表演者陷入尷尬境地。如果出現空場情況，必須採取應急補救措施。比如透過活動隔離牆或屏風縮小表演活動場地，封閉樓上觀眾席，甚至免費贈票給老年人和學生或讓工作人員充數等。

（二）計劃階段

協調必須以合理的組織結構為基礎，透過組織目標、組織權力分配、職責關係、資訊傳遞管道的框架等保證協調活動的有效性。大型活動籌備時間長，一般要提前一年進行準備，有些大型國際活動甚至需要提前 2～3 年開始準備。除了對組織內部進行協調外，還要對社會名人和義工等外部參與者進行廣泛的協調。因此，在計劃階段，協調活動的重點是圍繞著組織結構進行的，即設立大型活動的組織委員會及其專門委員會，根據各委員會的工作分工和職責關係進行綜合協調。

1. 組織委員會和專門委員會

組織委員會是大型活動的指揮和協調中心，其主要職責有：

- ◆ 制定並監督預算；進行總體協調；
- ◆ 組建、指導、協調專門委員會；
- ◆ 為本委員會成員、工作人員和其他專門委員會設計工作職位與職責；
- ◆ 對活動進行評估，並寫出最終報告。組織委員會主任是大型活動實際上的總指揮。

專門委員會是組委會的分支機構，代表組委會進行技術層面的組織和協調工作。每個專門委員會都必須有各自的預算，向組委會提交工作計畫並取得組委會批准。各專門委員會都應當各負其責，但也應當為其他委員會提供建議。

2. 義工和員工

大型活動籌備過程中的大量工作是由義工來完成的。義工為大型活動提供服務有兩種組織形式：一種是集體義工，一種是個體義工。一些

單位或機構志願集體承擔大型活動的部分組織工作，如廣播電臺志願承擔大型活動的宣傳工作，劇院志願承擔演出安排，學校志願安排學生充當劇院演出的領位員、門票銷售人員、展品看護人員等。從有效協調的角度來看，集體義工是最理想的組織形式。個體義工是接待委員會根據大型活動的工作需求從社會上招募而來，主要從事嘉賓接待、秩序維持、場地整潔等非技術工作。

　　大型活動的管理和技術工作必須由付薪全職員工來承擔，以確保大型節慶活動的連貫性和專業性，這些人員包括負責日常管理的執行經理、祕書、專職舞臺導演、劇務人員、燈光師和音響師等。

　　與義工進行工作安排協調時應注意：確保義工充分了解活動的性質和義工所承擔的工作量。為每一位義工設立一個檔案，註明其姓名、通訊地址、家庭電話、志願工作的日期、感興趣的工作以及工作時間段。為每一位義工提供一份工作任務書，包括工作描述、具體職責、上級主管、相關委員會、活動發言人等資訊。同時，應確保義工熟悉各種諮詢問題的答案、知道如何應對緊急情況、了解參與活動的知名人士和重要賓客。為此，各委員會負責人必須加強對志願人員的事先控制，並有效調動其積極性。工作之前應召集簡短的工作會議，向義工提供與其工作有關的幫助資訊，明確工作可能延續的時間。如需要變動工作時間，應首先徵得義工本人同意。主動聽取義工的工作建議。在工作過程中，監督、督促義工按工作計畫完成各項工作，尊重義工的工作習慣和各種臨時建議。為義工提供便於識別的服裝或飾品，如工作服和標示飾物等。

3. 大型活動的籌備規則

　　由於大型活動的準備程序涉及多層面，因此其籌備規則應由各個委員會共同協商制定。首先，要由各個委員會共同制定統一的邀請與登記

表，只有這樣才能使接待規模與住宿、研討會、各種活動場地以及交通等接待能力相一致。節慶活動籌備規則應包括以下內容：

◆ 舉辦活動所需時間；

◆ 節慶活動的主題；

◆ 賓客停留時間、總人數、住宿類型（飯店、家庭等）；

◆ 演出次數；

◆ 聯絡人的姓名、地址、電話號碼、傳真號碼等；

◆ 劇院與活動場地示意圖；

◆ 演出團體自理費用；

◆ 團體賓客參加或舉行研討會的限制與機會；

◆ 交通運輸的特殊安排；

◆ 接待服務與特殊活動；

◆ 觀察員的資格。

登記表應包括以下項目欄：

◆ 公司名稱；

◆ 聯絡電話；

◆ 聯絡人的職務；

◆ 來賓姓名；

◆ 性別；

◆ 年齡；

◆ 航班號；

◆ 航空公司名稱；

◆ 特殊餐飲需求。

4. 發布公告

首先要宣布和廣發舉辦節慶活動的消息以及節慶活動的籌備規則。其次，以組委會主任名義向演出團體和嘉賓寄發邀請函。邀請函可附以有關政府名義簽發的額外邀請函。應在節慶活動開幕 6 個月以前，確認應邀參加的演出團體和嘉賓。在 3 個月前，應確定最終演出和研討會日程表。如有變動，應將註明變更時間的日程表及時通告。

5. 選擇演出團體

選擇演出團體的一般標準是：高水準的演出品質；表演劇目與表演場館風格協調；具有較高的國際聲響；表演內容與活動主題保持一致。經選擇確認的演出團體應提交以下相關資訊：演出節目單；住宿預訂及機場迎接確認；旅行細節（航班號，航空公司名稱）；登記註冊時間及地點；關於機場服務費、貨物和海關稅費、身障人士設備和氣候條件要求等資訊；現行演出規定；簽證（簽證申請及支付簽證費用屬於申請人本人的責任）資訊等。

6. 制定技術要求

受大型活動時間跨度和場地空間跨度等種種限制，有些表演劇目需要進行必要的修改。為了避免對這些劇目進行過大的修改以至影響演出效果，相關專門委員會應盡可能提供表演藝術家或演出團體所需的各種演出設備，同時要求藝術家和演出團體向委員會說明自備演出設備情況，以便雙方進行更好的協調。委員會應向表演者提供以下資訊：劇院的類型；舞臺限制（懸吊布景空間、舞臺布景升降裝置、舞臺高度、劇院樓層平面圖、視線等）；布景架設情況（如果由劇院而不是演出者負責）；進場與退場時間；排練與演出時間；備選排練時間（如果遇有特殊

情況）；劇院及停車場交通指南；劇院名稱、電話、聯絡人。需要劇院幫助架設布景的藝術家或演出團體應事先向劇院說明布景架設要求。劇目和場館確定之後即可測定所需演出設備，除去表演者自備和劇院可提供的設備外，其他設備可透過借用和租用方式解決。如須購買設備，則應同時考慮這些設備未來維護和使用計畫。

7. 計畫實施失敗的常見原因

（1）缺乏啟動資金。

在收入尚未產生之前需要部分啟動資金，許多組織沒有前期啟動資金的來源。如果使用經營資金，必將導致日常運營費用不足甚至拖欠付帳等問題，最終將會影響整個活動的開展。有時，董事會成員不得不墊付個人資金或聯名擔保貸款。這種方式雖然具有風險，但往往是唯一的選擇。

（2）贊助標準過低。

大型活動舉辦方按一般承受能力設置贊助標準，導致對富有贊助商開出低於其支付能力的價格，從而減少了總體收入。結果可能導致募集資金活動收支相抵甚至出現虧空。

（3）謹慎的消費觀。

活動參加者在購買門票或拍賣品時，往往忽略其購買行為的公益性質或捐贈性質，對所購物品或服務價格高於價值這一現象難以理解。謹慎的消費觀潛意識地抑制著人們購買門票或拍賣品的衝動，這是門票及其他銷售收入過低的主要原因。

（4）應急計劃不周。

在制定大型活動計畫時，一般會進行細緻的調查研究和反覆的論證。但必須事先考慮到處理意想不到的事件，除一般計畫之外，還應制定周密的應急計畫。比如：某活動組織機構為了選擇最佳的開幕時間，

對當地的氣象歷史資料進行了全面的調查研究，但根據歷史統計數據所選擇的最可能出現晴天的開幕日突降大雨，嚴重影響的開幕典禮的效果。在制定應急計畫時，應多問幾個「如果……，怎麼辦？」並預先制定應急措施。除惡劣天氣外，影響大型活動正常進行的其他常見意外情況還包括：門票銷售量過少而導致冷場；研討會主講人或表演團體最後一刻不能到場；突發社會動盪；食物中毒；會場秩序失去控制等。

（三）接待階段

1. 現場登記

報到處設在活動中心場地，周圍應布置橫幅、彩旗、海報等。事先應對預計登記人數（含提前登記人數）、抵達時間、抵達方式、付費方式、付費專案、下榻飯店等進行預測，並制定工作備案。報到處工作人員應向報到者送發禮品袋，袋內應有以下物品：城市地圖與指南、活動場地示意圖、出席者名牌、歡迎信、筆記本和鉛筆、當地的特別法律規定（如關於飲酒的限制等）、慶典與表演節目單、劇本摘要譯文、餐廳資訊、紀念品、特殊招待會的邀請函、優惠券、會員俱樂部活動時間、緊急情況求助電話、特邀嘉賓名單、當地表演團體地址與聯絡電話、預訂與取票方式、登記參加研討會的方式、當地交通資訊、劇院化妝室使用時間安排、最終確定的日程表、關於核實日程臨時變更的方式、VIP 聚會場所。同時，報到處應附設服務臺，設專人值守。

2. 交通協調

對於一個大型活動，眾多參加者抵達或離去要延續多日，此時可能帶來複雜的交通問題。相關委員會應成立一支相應規模的小客車和貨車車隊及司機義工隊伍，編制詳細的住宿地至機場、接待處、排練與演出

場地、研討會場地、遊覽景區的交通日程表。在編制交通日程表時，應充分考慮團體運送遠比個體運送耗費時間長這一因素。同時，應在機場設立活動接待處，並布置明顯的活動標示物以便於活動參加者識別。

3. 住宿協調

相關委員會須確定需要住宿的活動參加者人數以及住宿類型。飯店住宿花費較大，舉辦方應儘早確定所需飯店客房數及類型，飯店住宿費用的支付方式以及資金來源。在情況允許條件下，可以考慮利用私人住宅解決活動參加者的住宿問題。

4. 辦公場所協調

大型活動應在主要活動場所設立辦公室，分配電腦、影印機、印表機、電話等設備，同時配備必要的翻譯人員。

5. 休息場所協調

大型活動主要演出場館大廳應設立酒吧或冷飲櫃檯，為活動參加者提供飲料和小吃。也可以利用劇院的演員休息室為演員和國際貴賓提供聚會場所。

6. 會員俱樂部協調

會員俱樂部可設在飯店會議廳或公共酒吧，全天候為活動參加者提供聚會、交流、舞會等社交機會。俱樂部除提供付費飲料、小吃和紀念品之外，還應分配舒適的躺椅和電話。

7. 票務處協調

票務處一般設在劇院售票處，負責對公眾售票。特邀嘉賓一般在登記時領取贈票，或直接憑名牌入場。

（四）活動階段

1. 官方接待協調

　　作為慣例，節慶開幕之前要舉行隆重的歡迎招待會。這是一個問候老朋友，歡迎新朋友，並為整個活動期間進行相互聯絡創造條件的機會。招待會一般要提供食品和飲料，有時也舉辦幾個精練的小節目。招待會要向與會者介紹活動組委會主任和其他重要成員、市長或政府要員和特邀外賓等。致辭和祝酒次數不宜過多。在活動結束時，一般還要舉辦答謝儀式或招待會。答謝會是向活動參與者致謝的場合，同時還要為提供資金和實物支持的公司頒發榮譽證書，為優秀藝術表演家頒獎。

2. 展覽協調

　　舉辦反映當地傳統與文化的藝術展覽是增加節慶活動的重要手段之一。而舉辦商貿展覽會有利於參展公司展示、推薦、銷售其產品或服務。

3. 娛樂節目協調

　　促進交流是舉辦節慶活動的重要目標之一。舉辦方應為活動參與者舉行豐富多彩的娛樂和旅遊觀光活動。由於來訪者大多希望給親朋好友帶回一些紀念品或禮品，所以為活動參加者做些娛樂旅遊方面的安排，適當留出購物和參觀博物館的時間也很重要。

4. 日程安排協調

　　演出與排練的日程安排必須事先與有關各方充分協商。對技術設備要求相近的演出應盡量安排在相鄰時間段，從而減少對設備的更換，但演出節目的多樣性和多變性也要同時考慮。排練需要充裕的時間保證，

對於一個國際性表演團體至少需要不少於 2 個小時的排練時間。有時需要安排多個劇院，有的劇院用於演出，有的劇院用於排練。

5. 安全保衛協調

在節慶期間，需要實施 24 小時保全措施。對於憑票入場的節慶活動場地，其出入口和重要位置須配備保全人員。對於免費場地，也須配備一定數量的現場管理人員與交通和停車場管理人員。如果參加活動者數量較大或同時進入和離開某一場地，則需要交警指揮交通和巡視停車場，以確保安全。化妝室或化妝區域應配專人負責管理，以保證演出服裝和設備的安全。

（五）善後階段

1. 清潔衛生協調

清潔衛生工作必須貫穿節慶活動始終。節慶活動結束後，要保證活動場地恢復原樣，不留痕跡。褪色的橫幅和破爛不堪的海報等遺留物將會嚴重損害節慶的形象和活動目標。免費會餐是對整潔小組的重要激勵方式。整潔委員會應確保：在活動場地適當地點和劇院出入口設置垃圾箱；重點保持餐飲區的清潔衛生；盡量避免在戶外場地散發單頁宣傳品和折頁廣告；根據借用清單及時歸還借用物品；妥善保存可再利用物品；妥善處理廢舊物品或將其交付相關單位或公司處理。

2. 善後協調

對一般活動參與者表示感謝，可贈送反映節慶活動主題或舉辦地點的紀念品。相關委員會在選擇紀念品時應：確保紀念品的獨特性；確保所有活動參與者（內外賓客）均獲贈統一紀念品，外賓可獲得額外的紀

念品（如海報等）；嚴格控制紀念品製作成本。

　　對義工、各委員會成員、贊助商、捐贈者和媒體記者等特殊參與者表示感謝可採取以下方式：舉行答謝聚會，介紹典型事蹟和展示相關圖片；寄送感謝信；在報紙上刊登致謝廣告等。

3. 總結協調

　　節慶活動的評估依據包括活動參加者數量及構成統計、書面文件、口頭調查、影像與圖片資料、公眾評價等。評估應反映：活動籌備的成效與不足；公眾對活動的滿意程度；財務結果。評估結果應分發至各委員會成員和贊助商，並提出改進意見。節慶活動的總結報告應包括以下內容：關於活動企劃流程的紀錄；關於舉辦活動的書面文件；活動的財務報告；評估與改進意見。該報告應呈交給相關批准機構和贊助商。

第三節　大型活動的時間協調

　　時間協調是根據大型活動的舉行目標按照時間線索（活動日程安排）對活動籌備的各種要素進行合理調度與分配，以確保大型活動的各項籌備活動如期完成。

一、制定活動日程表

　　預留充分的準備時間是制定切實可行的活動日程表的基本保障。舉行一個成功的大型活動往往需要幾個月甚至幾年的時間。舉行大型活動所需時間因活動類型不同而有較大差異。在活動日程安排上應注意以下問題：

　　a. 首先分析工作時間，然後確定活動舉辦日期。很多大型活動舉辦方都是先確定大型活動的舉辦日期，然後才意識到有太多籌備工作需要做。這時，他們不得不把每項工作所需時間壓縮到最短，制定出一個十分緊張的日程表。這樣的日程表一般很難執行。有時候，由於外界因素，舉辦方被迫接受一個十分倉促的日程表。在此情況下，只能根據現有時間簡化大型活動的各項內容。

　　b. 個人的能力是有限的，因此必須依靠團隊的集體能力來完成大型活動的統合工作。首先，應建立若干個由 2 ～ 5 人參加的小組，在各小組中開展腦力激盪式討論會，討論舉行某項大型活動所必須進行的各項工作。其次，把各小組的討論結果進行對比與匯總。然後，將各項工作進一步分解，並確保不使任何環節遺漏，據此確定行動步驟。第四，

將每項工作及其分解內容、行動步驟寫在一個單獨的工作任務卡上。第五，把所有工作任務卡按照行動順序張貼到大型公告欄上。

c. 在進行工作時間分析時，要充分估計各項工作所需時間，並寫在工作任務卡上。需註明各項工作由一人單獨還是多人合作承擔，比如起草一份邀請函一個人在估計時間可以單獨完成，但要布置一個會場就需要若干人合作才能在估計時間內完成。

d. 在時間安排上應適當「留有餘地」。一般認為應該按估計時間的120% 安排工作時間，即預留 20% 的工作時間。在規定時間內提前完成某項工作，不會給大型活動舉行帶來太大的負面影響，但是如果無法在規定時間內完成某項任務，則必然會影響活動的順利進行。

e. 有些工作相對獨立，有些工作則彼此連繫。對於相互連繫的工作，必須明確其先後順序，並使先期工作的組織者了解其工作對後續工作的影響。比如：展品運輸與展品布置、日程安排與新聞發表、名人名單的確定與名人邀請函的寄發等。

f. 將日程表張貼在公告欄，為每一位相關人員提供便於攜帶的日程表文件。為了使參與者隨時了解活動籌備的進展與發現的問題，可以利用活動掛圖、工作簡報或黑板報等形式製作動態日程表。按週（星期）分為若干欄，在各欄內，由上到下列出重要工作，如宣傳、印刷、娛樂活動、食品、門票銷售等，應特別註明在本星期內必須開始和必須完成的工作。

g. 鼓勵參與者根據個人的工作計畫事先預約工作時間，並為每位工作參與者提供一份日程表的縮小文件，用特殊顏色標示該工作人員所應參與的工作，用另一種顏色標示該工作人員如不能按時完成其工作將會影響到的後續工作。一旦修改日程表，應為每位工作參與者提供新的文件，並註明新日程表的印製時間，從而保證所有參與者按照同一日程表工作。

h. 確定關鍵工作的最後期限。對於關係到活動舉行成敗的關鍵工作，應確定其最後完成期限，如果這些關鍵工作未能按期完成，必須果斷取消大型活動。但取消一項大型活動必然會給大型活動委託方和承辦方帶來巨大的經濟損失和負面社會影響，比如毀約賠償和信譽降低等。為了避免因關鍵工作的失敗而導致的經濟和社會影響方面的重大損失，應事先對關鍵工作做出備選方案，一旦該項工作受阻或未完成，立即啟動備選方案。

i. 檢查工作進度，防止因工作拖延而使大型活動的開展陷入被動。首先確定工作的起訖日期，並設定工作期間的階段性指標。根據既定指標檢查各階段工作進度，發現問題及時解決，以確保該項工作在最後期限以前得以完成。

j. 每一項關鍵工作都必須指定專人負責，盡量避免把工作的責任給予多人組成的委員會，後一種情況可能會導致眾人旁觀，無人負責。關鍵工作的責任人不僅要有履行責任的能力，還應擁有相應的權力，否則責任只是一句空話。

k. 大型活動結束後，往往還有大量後續工作要做。在舉辦過程中功虧一簣的事例並不少見。由於勞累一天的工作人員需要適當休息，所以一般要提前安排一些後備人員進行後續工作。這些工作包括：清潔場地、清理帳目、歸還租用物品和設備、給捐助人寄發收據和感謝信、答謝義工和支持者、對大型活動進行評估並寫出評估報告等。

l. 在大型活動的舉辦過程中，會不可避免地出現一些疏漏或緊急情況。設立應急小組，並賦予他們處理各種緊急事務的權力，使活動參與者無論何時遇到何事都能透過應急小組得到及時解決。

m. 對提前完成工作和節省開支的人員予以獎勵。對先進的獎勵有助於調動團隊的積極性，比如對第一個完成售票任務或對第一個發完宣傳品的人員給予獎勵，將激勵其他人員更努力地工作。

二、活動日程的管理協調

（一）活動開幕前 1 年以上

設立組委會，任命組委會主任和大型活動總指揮（可由組委會主任兼任）。宣布大型活動名稱、日期和主題。根據主題設計活動標示系統，建立與潛在表演團體和主講人的連繫。對可選場館與設施進行考察，選擇並確認場館，預付場館訂金和其他需預先支付的費用。受理表演團體、參展商的申請。根據現有資源制定大型活動籌備計畫。

（二）活動開幕前 12 個月

組委會執行每月例會制，根據開展工作的需求設立專門委員會。著手設計活動場館示意圖，設計包含上述圖件的宣傳材料。開始招募義工、表演團體和個體表演藝術家。與警察、交通等政府機構建立連繫。確定定點飯店和家庭住所，制定免費住宿名額和付費住宿標準。

（三）活動開幕前 6 個月

組委會與活動總指揮定期會面。開始起草活動日程表和節目單草案，繪製活動主場館示意圖。辦理舉辦活動的各種許可、執照和簽證等申請。正式邀請表演團體、研討會主講人，並要求表演團體和研討會主講人提供履歷、照片以及節目或研討會梗概。選擇餐飲供應商，談判並簽訂餐飲供應合約，設計菜單。與學校等機構聯繫，尋求翻譯支援。定期發表活動的相關新聞消息。

（四）活動開幕前 3 個月

設計座位示意圖草案，設計員工工作日程表草案，設計登記區示意圖草案。進行國內外賓客運輸安排，確認住宿安排，確認客運安排。製作活動日程表和節目單，印製宣傳品。再次確認表演團體並簽署演出合約或協議，與當地有關單位和公司簽訂合約，與劇院經理協調並預訂化妝室。印製並郵寄邀請信。確認翻譯人員。向義工提供舞臺和場地示意圖，受理義工預約工作時間。完成場地和菜單設計，完成住宿和交通計畫，分配展覽場地和會議室。

（五）活動開幕前 2 個月

批准預算；列出贊助商和捐助者名單；設計展示櫥窗和現場橫幅；確定最終活動日程；向表演團體提供相關資訊。

（六）活動開幕前 1 個月

組織場地視察團；組織當地主講人現場示範；製作各種標記和圖示；裝填、檢查禮品袋；印製並分發內部使用的工作日程表；送印翻譯稿件、活動日程表和示意圖。

（七）活動開幕前 2 週

印製並分發場地和座位示意圖；檢查住宿設施；確認排練時間。

（八）活動開幕前 1 週

停止接受預訂，確定預訂名單；設計桌椅安排方案；將最後確定的用餐與住宿人數通知食宿合約單位和相關部門；確定媒體記者名單；為記者提供記者名牌、參考資料和入場券；印製嘉賓名牌；預訂食品；借

用或租用廚房設備和餐具；為餐飲供應商提供菜單；準備獎品。

（九）活動開幕前 1 天

根據檢查清單核對所需物品，將物品運輸到活動場地。購買冷凍食品。再次核實嘉賓人數。對重點場地補充布置；領取鑰匙；集合車輛；確認定點加油站。

（十）開幕當天

布置指路標牌；準備找零現金；現場製作食品；向報到處提供發言人名單；擺放為表演者提供的冷飲與小吃；開始受理登記註冊。活動正式開始，開始當日活動。問候媒體記者；非正式採訪；拍照留念；開放記者室，提供宣傳材料和冷飲、小吃；當日活動結束。登記註冊結束。結帳並將當日收款存入銀行。清潔廚房和其他場地，為第二天活動進行布置。整理、包裝各種物品；感謝義工；全面清場，檢查有無遺留物品；關燈，鎖門。

（十一）活動結束後 1 天

對全體義工、捐助者和提供幫助者表示感謝。清潔並歸還所有借用物品。起草評估草案。向餐飲供應商支付費用並表示感謝。去除所有戶外標示物和海報。

（十二）活動結束後 2～4 週

組委會與各專門委員會共同進行評估；完成所有預算工作；計算經營利潤或虧損；完成財務工作；完成評估技術工作；撰寫活動總結報告；向組委會和有關單位呈交報告。

第四節　大型活動的空間協調

　　空間協調是對活動場地、活動設施以及活動設備進行的協調。空間協調貫穿於大型活動的各個階段，主要是透過對活動場地的現場檢查和協調來完成。

一、制定現場檢查表

　　制定一份細緻、周密的檢查表，是進行現場協調的基礎。檢查表一方面有助於避免遺漏檢查對象，另一方面有利於主要負責人在不能親臨現場情況下委託他人進行檢查與協調。

表 5-1 大型活動現場檢查表範例

類別	項目
場館環境	大型活動標語與標識系統醒目程度
	VIP 接待設施豪華程度
	大型代表團接待能力
	個性化服務能力
位置	距最近機場的距離
	距最近醫院的距離
	距最近消防站的距離
	距最近購物中心的距離
	距最近娛樂中心的距離

登記接待	訓練有素的登記接待人員
	VIP 快速登記能力
	登記處分發活動資料的能力
	製作大型活動代表名牌的能力
	製作代表通訊錄等高效查詢符號系統的能力
無障礙設施	按照現行標準新建
	按照現行標準改建
容量	活動區座位容量
	接待區容量
	公共區域容量
	展覽區容量
	停車場容量
	廁所容量
客房	客房的種類
	客房的狀態
	客房的設備
	客房的緊急疏散圖
	客房房門與陽臺的安全性
餐飲	正餐或現場製作供餐條件
	24 小時客房供餐服務
	菜餚種類和餐廳數量
	餐飲供應應變能力
演出設施	舞臺的高度、寬度和顏色
	空中作業與表演的限制規定
	桌、椅、看臺等的數量

財務	免費客房比例	
	保證金政策	
	免費接待項目	
	活動場地的優惠租金	
醫療	經培訓的醫療急救人員數量	
	指定急救地點	
	救護車服務	
大門	外部大門的大小與數量	
	內部大門（包括電梯）的大小與數量	
	與大門連接的出入通道	
安全與保全	照明良好的內外部通道	
	全天候保全	
	完好的電梯通訊系統	
	場館與治安機構的有效合作關係	
	有效的消防及報警系統	
	狀態良好的樓層地板	
水電設施	供電能力	
	備用發電機或備用電路	
	訓練有素的電汽工程師	
	供水能力	
承重	場館單位面積承重能力	
	電梯承重能力	
	照明、布景、投影、音響等懸掛系統的應力重量	

資料來源：Joe Goldblatt, Special Events (Third Edition), John Wiley & Sons INC. P181-183.

二、現場檢查與協調

現場檢查時，應隨身攜帶捲尺、照相機、筆記本和鉛筆等檢查與記錄取具。根據檢查路線，對照檢查表，對檢查對象做出評價紀錄。對不符合要求的檢查對象，要求場館提供改進方案、施工時間表和具體負責人。

首先應檢查出入場館的交通狀況、大門和停車場。預測交通擁擠狀況下，場館出入的通行能力。協調解決停車場一般停車和 VIP 停車的車位分離問題。

場館大門至大廳等候休息區（休息大廳、化妝室、演員休息室）應有明顯指路路標，測量休息區的面積，預測裝潢完成後的接待容量。檢查廁所容量是否符合要求，提出對廁所的特殊布置要求，如擺放鮮花的品種與式樣、噴灑香水的品牌與氣味等。

對實際活動現場檢查，應從觀眾和演員兩個角度來觀察，特別要注意判斷坐在最後排的觀眾是否在演員演出時享受到滿意的視聽效果。在親自體驗的同時，還應檢查場館提供的場館示意圖，並進行隨機實地測量，對與實際不符之處提出修改意見。

示意圖應能全面反映場館的布局與功能，包括住宿、餐飲、會場、急救中心、停車場、舞臺、座位等功能區與設備的方位、面積、路線等內容。示意圖經組委會認可後，還必須呈交消防、交通管理等有關政府機構批准，方能實施。經批准的示意圖，將用作以後現場檢查與協調的重要依據。

◆專業詞彙

大型活動協調；資訊溝通；可依賴性；「暖暈」現象；「熱潮」現象；時間協調；空間協調；活動日程；現場檢查；實地測量

◆思考與練習

- 大型活動協調必須具備哪些條件？

- 大型活動機構如何正確協調與義工和員工的關係？

- 大型活動的活動階段有哪些主要協調工作？

- 如何制定大型活動日程表？

- 大型活動開幕前一週有哪些主要協調工作？

- 簡述大型活動現場檢查表的作用與主要內容。

第 6 章
大型活動市場行銷

◆本章導讀

　　本章主要闡述大型活動市場行銷的目標、策略和策略。大型活動作為一種活動產品，與風景區（景點）等實物產品一起構成旅遊目的地的組合產品。透過本章學習，應了解大型活動集消費與宣傳雙重功能於一身的軟產品特性，能夠正確理解並選擇不同性質大型活動的不同行銷目標，並選擇適當的市場行銷策略及其相應的策略組合實現既定的行銷目標。

第一節　大型活動市場行銷目標

　　旅遊目的地產品組合由實物產品（physical products）和大型活動產品（event products）共同構成，因而大型活動也就成為目的地旅遊規劃的重要內容之一。大型活動以其活動主題及其烘托主題的各種活動專案和活動環境吸引觀眾並滿足其需求，是一種參與性較強的軟產品。一個成功的大型活動策劃方案，應當滿足兩個基本條件：一是樹立和強化目的地的旅遊形象，二是滿足觀眾對活動主題全面而深入理解與體驗的要求。由此可見，大型活動是一種具有較強形象塑造功能的活動產品。大型活動市場行銷則是一種以塑造目的地旅遊形象為目標，以滿足觀念（包括旅遊者）對特定主題活動消費需求為手段的市場行銷活動。

一、大型活動行銷目標的層次

　　大型活動作為旅遊目的地產品組合中具有較強形象塑造功能的組成部分，隸屬於一定層次的旅遊規劃。對於一個國家，旅遊發展規劃一般分為全國性、區域性和地方性 3 個層次。而地方性規劃又根據行政級別劃分為直轄市級、縣和省轄市級、鄉鎮區和縣轄市級、村里級等層次。此外，各級旅遊發展規劃還規劃有一定數量的旅遊風景區（景點），這些風景區（景點）又有各自的旅遊開發規劃。

　　大型活動隸屬於不同層次的旅遊規劃，其市場行銷目標也相應服務於該層次規劃的策略目標，特別是要符合目的地總體形象的要求。一般來

講，規劃層次越高，大型活動行銷目標越宏觀，越強調社會效益；反之，規劃層次越低，大型活動行銷目標也愈加微觀，越強調經濟效益。比如：國家級規劃確定的大型活動一般服務於整個國家的旅遊形象，並側重吸引國際旅遊者，而地方性規劃所確定的大型活動一般服務於特定地區的旅遊形象，並多以國內旅遊者為吸引對象。這是因為，高層次規劃趨於追求整體形象和整體利益，低層次規劃趨於強調個性化形象和局部利益。

二、大型活動行銷目標的角度

同一層次規劃範圍內的不同類型大型活動往往是從不同角度反映和強化目的地旅遊形象。目的地旅遊形象必須透過科學規劃，利用各種塑造手段，經過長期的努力，才能在市場中形成。旅遊形象一經確定，一旦形成，將長期影響旅遊目的地的發展和目標市場的開發。而大型活動作為一種軟產品，具有時間和空間的可變性，其主題及其烘托主題的活動專案與活動環境也可以根據實際需要進行相應調整。比如：世界旅遊日和許多國家的旅遊節每屆都選擇不同的主題。因此，與固定的以物質資源為基礎的旅遊產品相比，大型活動更有利於多角度塑造和強化目的地旅遊形象。

根據塑造和強化目的地形象的要求，單體大型活動的行銷目標可以是定期和定向的，也可以是臨時和非定向的。目的地旅遊形象是由主體形象和附屬形象構成，對旅遊形象的宣傳又要求從主體認知和附屬認知的不同角度來進行。據此要求，樹立旅遊目的地主體形象和傳播其主體認知識別系統的單體大型活動一般具有定期和定向的特徵，而展現旅遊目的地附屬形象和傳播其附屬認知識別系統的單體大型活動一般具有臨時和非定向的特徵。

三、大型活動行銷目標的類型

總體上看，大型活動市場行銷要實現樹立和強化目的地形象、募集大型活動組織經費、激發民眾參加大型活動的欲望、促進大型活動主題所代表的意識形態或生活理念的傳播等綜合目標。但受行銷目標層次和角度的限制，單體大型活動的市場行銷目標又各有側重，可以歸類為以下幾種類型：

(一) 促銷性目標

透過舉辦大型活動，促進旅遊產品的銷售，樹立和強化目的地旅遊形象。促銷性目標的實現依賴於目的地的旅遊精品及其合理組合，其所依託的主要活動形式有旅遊旺季的旅遊節、旅遊交易會和以目的地旅遊精品為主題的系列觀賞活動等。大型活動透過特定的主題，把旅遊目的地最具地域特色的藝文表演項目和最具地方代表性的著名旅遊風景區（景點）系統串聯並結合起來，使旅遊者和旅行社在相對較短時間的、氛圍濃郁的節慶期間獲得在目的地旅遊的最佳體驗，從而借助旅遊者的口碑和旅行社樂觀的商機預期促進銷售量的增加。

(二) 開發性目標

透過舉辦大型活動，開發新的旅遊產品或增加現有旅遊產品新的觀賞形式，補充和豐富目的地旅遊形象。開發性目標的實現依賴於目的地的潛在旅遊資源與潛在目標市場的匹配程度，其所依託的主要活動形式有旅遊淡季的旅遊節和以目的地新開發旅遊產品為主題的系列觀賞活動等。對於旅遊資源豐富的目的地，透過舉行淡季旅遊節，特別是具有競技性和藝文表演性的旅遊專案，可以使淡季閒置的旅遊資源轉化為現實的具有經濟效益的旅遊產品，有效平衡旅遊目的地經營活動的季節波

動。對於旅遊熱點高度集中或資源開發地域分布不平衡的目的地，透過舉辦以非熱點旅遊風景區（景點）或新旅遊開發區主要產品為主題的大型活動，有助於目的地內部的旅遊客流的疏導和分流，同時也有利於目的地內部各旅遊區（景點）進行資源優化組合和功能互補，因而可以有效解決或緩解目的地旅遊經營在地域上的失衡問題。

（三）公益性目標

透過組織大型活動，促進公益事業發展，樹立目的地良好的社會形象。公益性目標的實現依賴於目的地當地社區民眾的廣泛參與，此類目標依託的主要活動形式有慈善募捐、環境保護、公眾教育、公益團體表演與比賽等。開展大型公益活動，一方面可以援助弱勢族群、保護生態環境、弘揚精神文化、改善旅遊目的地的社會和生態環境，另一方面有利於突顯目的地居民熱情友善的好客態度，這是夏威夷等世界上著名旅遊目的地經久不衰重要原因。

四、大型活動市場行銷目標的選擇

各級旅遊規劃所確定的大型活動是旅遊目的地總體行銷體系或總體產品體系的重要組成部分，其行銷目標層次的定位、行銷角度的定向和行銷類型的確定是不能隨意更改的，必須與目的地總體行銷目標或總體產品開發目標高度一致和高度協調。

對於旅遊規劃未明確規定但根據旅遊業發展需要所新開發的大型活動，要求根據具體大型活動目標的層次、角度和類型特點，對大型活動目標進行科學的定位、定向和定性，納入旅遊目的市場行銷總體規劃、計畫和管理之中。

　　對於其他行業舉辦的或社會公益性大型活動，旅遊行政管理部門可以透過指導、協商、合作、諮詢等方式，引導和利用這些大型活動為旅遊目的地總體行銷目標服務，使之成為旅遊目的地整體市場行銷活動的組成部分或重要補充。

第二節　大型活動市場行銷策略

　　市場行銷體系一般是以特定的市場行銷目標為指導、以正確的市場競爭策略為核心、以市場行銷組合策略為主要內容，由市場行銷環境分析、市場細分與定位、市場競爭策略、市場行銷策略、市場行銷實施方案、市場行銷調整機制 6 個部分構成的不斷改進與完善的運行體系。大型活動市場行銷體系依然沿用這一基本框架。但由於大型活動在行銷目標方面具有多層次、多角度和多類型特點，同時大型活動舉辦時間較短且活動主題及其活動專案需要根據實際情況不斷調整，因而大型活動行銷體系中的宏觀環節更趨簡潔，微觀環節更趨周密，從而導致宏觀策略環節與微觀策略環節趨於吻合，對於中、小規模的不定期大型活動這兩個環節甚至合而為一。由於旅遊管理相關科系學生必修市場行銷課程，為了避免教學內容的重複，本教材結合大型活動籌備經營的特點重點論述市場行銷策略和策略組合，有關大型活動市場行銷實施方案和調整機制併入大型活動的組織和協調兩章中論述，對於市場行銷環境分析等基礎知識本教材將不贅述。

一、大型活動市場細分

　　隨著大型活動資源開發的不斷深化和活動數量的持續增加，大型活動市場也相應不斷擴大，市場需求的類型日趨多樣化。因此，任何單體大型活動都不可能獨自占有整個大型活動市場，而只能占有或分享大型

活動整體市場中的一個或幾個子市場。市場細分，就是根據一定的標準將整體市場分割成若干個具有不同需求特徵的子市場，以便確定特定大型活動所要滿足和占有的具體目標市場。

　　在大型活動市場上，由於潛在消費者的消費動機、消費水準、消費習慣、地理環境、年齡、職業、性別等的不同，其消費需求也存在著明顯的差異性。根據需求的差異性，可以把大型活動整體市場分解為相對獨立的若干子市場。由於各個子市場的消費者數量適中、地理分布集中、需求特徵相同或相近，從而使大型活動組織機構有可能根據自身的能力和優勢，確定其具體的目標市場。

表 6-1 大型活動市場細分的基本標準

序號	類別	標準
1	客源狀況	客源地大型活動消費者產出人數
		目的地大型活動接待人數
		消費者參加各種大型活動的比例、人數等
2	消費動機	參與主題或專題表演與研討活動
		觀賞主題或專題節目與旅遊系列產品
		參加活動期間的捐助、拍賣、展覽或交易活動
3	消費水準	人均旅遊消費水準
		大型活動消費占旅遊總消費的比例
		消費者對大型活動設施和服務級別的要求
4	消費習慣	參加大型活動的季節性特徵
		參加大型活動的區域性特徵
		參加大型活動的組織方式，如團體、散客、家庭等

5	地理環境	近、中、遠距離國際客源地
		近、中、遠距離國內客源地
		省、市、縣等區域內客源地
6	年齡、性別與婚姻狀況	老年、中年、青年、少年、兒童等
		男、女
		未婚、已婚、離異等
7	職業與教育程度	工人、農民、商人、公務員、教師、軍人、醫生、律師、學生，待業或已退休等
		碩士以上、大學、專科、高中、國中、國小、文盲等

　　在實際的市場細分過程中，並不一定同時採用以上所有的市場細分基本標準，也不僅僅侷限於這些標準。大型活動組織機構一般要根據市場需求的特點與變化趨勢，結合本機構占有資源的實際情況，決定具體的細分標準。在選擇細分標準時應該注意幾個問題：一是細分標準必須具有可操作性，即該標準應足以區分市場需求的差異性；二是具有實用性，即運用該標準所劃分的子市場應該是本機構能夠占有或分享，並能夠獲取預期的經濟或社會效益的子市場；三是具有延伸性，即該標準應能夠確定重點市場、一般市場、近期市場、中期市場和遠期市場，以便大型活動組織機構進行有計畫的市場開發和經營活動。

二、大型活動市場定位

　　大型活動機構是透過提供大型活動的組織服務和服務商品的交換來實現經營目標的，那麼，這種服務商品生產與交換的市場在哪裡，市場對這種服務商品的需求量、規格、等級、價格、銷售方式有什麼具體要

求，市場能為大型活動組織機構提供什麼樣的經濟效益和發展前景，這一系列事關大型活動機構經營成敗的問題，必須透過確定其目標市場和對目標市場進行科學的分析、研究和預測才能回答。

選擇目標市場的過程，實際上就是大型活動組織機構為其服務商品生產和交換確定市場位置的過程。大型活動機構必須以市場細分結果為基礎，並根據本機構所擁有的各種資源和優勢，決定其目標市場。目標市場，可以是一個，也可以是多個子市場。多個目標市場可以是同等重要的，也可以是有主有次的；有的是近期目標市場，有的是中期目標市場，有的是遠期目標市場；有時既有現實目標市場，又有潛在目標市場。但是，所有目標市場都必須具備以下部分或全部條件：

（一）充沛的需求量

具有大型活動籌備與經營所必需的、足夠的需求量，能夠保證大型活動服務商品供求關係相對平衡。

（二）可觀的經濟效益

具有較高的消費水準和支付能力，從而使大型活動機構得以透過商品交換實現可觀的經濟效益。

（三）理想的市場環境

市場上的全部或部分需求尚未得到滿足或充分滿足，從而使大型活動機構在沒有或競爭不太激烈的條件下可以順利進入並占有、分享該市場。

（四）良好的發展前景

具有穩定的政治、社會和經濟環境，客源產出比較穩定，潛力較大，消費水準不斷提高，能夠滿足大型活動持續進行的需求。

■ 三、大型活動市場競爭策略

在大型活動市場上，有大量組織機構提供各種主題的活動產品，同時還有大量潛在的競爭者尋機進入市場，參與激烈的市場競爭。由於各個組織機構所占有的資源和所追求的目標不盡相同，他們在市場上所處的市場位置也各有差異。大型活動市場競爭策略，就是指大型活動組織機構根據其特定的競爭位置，在明確其發展機會、資源優勢和市場行銷目標的基礎上，所選擇的實現目標的競爭路徑。根據所處市場位置的不同，大型活動市場競爭策略可分為主導者策略、挑戰者策略、跟隨者策略和補缺者策略四種。

（一）主導者策略

市場主導者是指在相關產品的市場上占有率最高的企業。一般來說，大多數行業都有一家企業被認為是市場主導者，它在價格變動、新產品開發、分銷通路的寬度和促銷力量等方面處於主宰地位，為同業者所公認。市場主導者的首要任務是維持其在市場中的壟斷和優勢地位，這通常可以採取以下 3 種策略來實現：一是擴大市場需求；二是保護市場占有率；三是提高市場占有率。

1. 擴大市場需求策略

由於主導者在特定市場處於壟斷和優勢地位，其市場占有率已經達到 40% 左右，因此其主要競爭策略一般是拓展市場範圍，從而從擴大的市場中獲取最大利益。對於處在主導地位的大型活動機構，擴大需求有 3 種基本途徑：一是挖掘現有市場潛在需求，如具有目標市場消費者特徵但並未參加大型活動的潛在消費族群；二是開拓新市場需求，如從目前的國內目標市場向具有同類消費特徵的海外市場拓展；三是引導需求，如透過深化、擴大活動主題的內涵和外延，增加新的活動專案和系列產品，引導與現有市場消費特徵不相同的潛在消費者參加大型活動。

2. 保護市場占有率策略

在激烈的競爭中，市場主導者面臨著眾多競爭者的有力挑戰，其主導地位隨時都有可能被挑戰者取而代之。因此，保護既得利益，鞏固現有市場占有率成為眾多市場主導者的策略選擇。大型活動市場主導者保護其市場占有率的常用防禦策略有以下 6 種：

（1）陣地防禦。

是指處於市場主導地位的大型活動機構集中全部力量籌備經營既有的主題活動，在現有活動經營範圍內形成鞏固的防禦陣地，其核心是維持和增強現有大型活動的市場吸引力和競爭力。

（2）側翼防禦。

是指大型活動市場主導地位者集中主要力量籌備經營既有的主題活動，同時組織部分力量開發活動主題自然延伸的分主題活動，從而抵禦挑戰者在側翼分主題薄弱環節構成對本機構主導地位的威脅，其核心是在維持主題活動市場吸引力和競爭力的同時，培育分主題活動市場，從而預先化解可能出現的經營風險。

（3）以攻為守。

是指處於市場主導地位的大型活動機構針對競爭對手的薄弱環節主動進攻，如設立與競爭對手活動主題近似的分主題活動或系列旅遊產品，從而收到削弱對手、壯大自己的積極防禦效果，其核心是利用對方弱點來主動削弱其競爭威脅。

（4）反擊防禦。

是指大型活動市場主導者在市場占有率受到競爭者擠壓時進行的針對性反擊，這可以是針對競爭者的活動主題進行正面反擊，也可以是對其分主題進行側翼反擊，從而保護自己的市場占有率，其核心是透過反擊來鞏固既有的市場占有率。

（5）運動防禦。

是指大型活動市場主導者在防禦目前經營範圍的同時，主動開闢新的防禦性經營領域，或是透過增加分主題擴大市場，或是透過與活動主題相關的旅遊風景區投資進行多角化經營，從而在策略上分解市場風險，其核心是透過經營範圍的拓展保持長期的市場主導地位。

（6）收縮防禦。

是指大型活動市場主導者在無力進行全面防禦或全面防禦效果不理想的情況下，主動放棄某些分主題活動，或取消目標市場中某些缺乏潛力的消費族群，以期集中力量提高主題活動和具有競爭優勢的分主題活動，確保目標市場中主體消費族群不受競爭者威脅，其核心是以經營範圍的收縮換取市場份額的相對穩定。

3. 擴大市場占有率策略

大型活動市場主導者提高其市場占有率，可以有效增加經營收益和保持領先地位。研究表明，市場占有率是與投資收益率有關的最重要的變

數之一。市場占有率越高，投資報酬率也越大。對於處於主導地位的大型
活動機構，擴大市場占有率有 3 種基本途徑：一是擴大大型活動的空間，
如擴大活動場地和設立分會場等；二是延長大型活動的時間，如增加表演
場次、延長相關展覽的展期和增加主題旅遊路線等；三是提高大型活動品
質，如舉辦高水準的文化藝術演出、專題展覽和國際大獎賽等。

（二）挑戰者策略

市場挑戰者是指在相關產品的市場上占有率僅次於主導者並致力於
取得主導地位的企業。市場挑戰者的主要任務是提高市場占有率，在競
爭中占據市場的壟斷和優勢地位，這通常可以採取以下 5 種進攻性策略
來實現：一是正面進攻策略；二是側翼進攻策略；三是包圍進攻策略；
四是迂迴進攻策略；五是游擊進攻策略。

1. 正面進攻策略

是指在大型活動主題和圍繞主題的系列產品方面與主導者進行正面
交鋒，透過提供優於主導者的同類主題大型活動產品，吸引同一目標市
場 40% 以上的客源量，從而占據市場主導地位。

2. 側翼進攻策略

是指在大型活動分主題和圍繞分主題的系列產品方面與主導者進行側
翼交鋒，透過提供優於主導者的分主題大型活動產品，吸引同一目標市場
主導者所壟斷的一小部分客源，積少成多，逐步占據市場主導地位。

3. 包圍進攻策略

是指同時在大型活動主題與分主題、主題系列產品與分主題系列產
品等各方面與主導者進行全面交鋒，憑藉優勢資源來提供整體優勢產

品，全面掠奪吞食主導者的市場占有率，一舉占據市場主導地位。

4. 迂迴進攻策略

是指避開主導者的主要經營範圍和目標，透過開發全新的活動主題及其系列產品，或開拓主導者尚未進入的客源市場，在競爭較少、成功機會較大的理想環境中成長壯大，最終成為新市場的主導者或兼併現有市場的主導者。

5. 游擊進攻策略

是指在暫時無力或不具備必要條件採用其他進攻策略的情況下，透過進行靈活多變的產品或促銷攻勢，不斷削弱市場主導者的力量，尋求爭奪市場主導地位的機會。

（三）跟隨者策略

市場跟隨者是指在相關產品的市場占有率僅次於主導者並致力於維持其次要位置的企業。跟隨者的主要任務是維持既有市占率，透過控制經營成本來增加收益。因此，他們通常採用模仿和聯盟兩種策略。

1. 模仿策略

是指大型活動機構對市場潛力較大的活動主題進行跟進開發，如對主導者開發的並具有一定知名度的國際時裝節進行跟進開發，成立原住民服飾博覽會或滑雪服裝展銷會等，從而利用主導者大型活動主題業已形成的市場影響和市場聚集效應，以較低的市場行銷成本取得較高的經營利潤。

2. 聯盟策略

是指大型活動機構與市場主導者達成某種市場聯盟關係，明確彼此在市場中的主從關係和利益範圍，在互惠雙贏的前提下共同開發同一活動主題和目標市場，如由政府主導者進行大型活動主題的宣傳、贊助、會議、研討、演出、廣告等核心產品開發，由跟隨者進行同一主題的觀光旅遊、商品展覽與銷售等外圍產品開發等。

（四）補缺者策略

市場補缺者是指在相關產品的市場上占有率較低但足以透過專業化經營維持其補缺位置的企業。補缺者的主要任務是尋找並占有市場中被大、中型企業忽略或無暇顧及的補缺市場，透過專業化經營來獲取收益。大型活動補缺者通常採用技術專業化、顧客專業化和產品專業化三種策略。

1. 技術專業化策略

是指專門為大型活動提供諮詢、策劃、設計、設備等技術服務，如為大型活動舉辦方提供活動主題策劃或活動場地設計方案等。由於具有專業知識和專業設備優勢，這些專業公司可以長期穩定地維持其市場補缺者位置。

2. 顧客專業化策略

是指專門為大型活動提供顧客招攬、預訂註冊、嘉賓邀請、顧客維護等顧客服務，如為大型活動機構提供廣告宣傳、網路預訂、前臺接待、特邀嘉賓聯絡、顧客資訊管理等。由於大型活動組織機構規模較小，活動時間高度集中且組織工作繁雜，這就為專業顧客服務公司提供了市場補缺機會。

3. 產品專業化策略

　　是指專門為大型活動提供某些專業產品，如與活動主題密切相關的旅遊路線、文藝演出、體育比賽或紀念品等。此類專業產品有助於烘托活動主題和豐富活動內容，符合並有助於實現大型活動機構的經營目標，因而成為市場補缺者理想的開發領域。

第三節　大型活動市場行銷組合

　　大型活動市場行銷是在特定策略目標指導下所進行的長期而系統的社會經濟活動，在此時期內受目的地社會經濟狀況、旅遊市場需求、市場競爭態勢、企業自身優勢等因素發展變化的影響，大型活動機構不可能也不應該沿用固定不變的行銷方式。因此，大型活動機構總是根據各個發展時期市場供求關係、競爭狀況和自身優勢的不同特點和發展變化形勢，採取相應的、靈活的市場行銷策略，以保證大型活動市場行銷策略目標的順利實現。大型活動市場行銷策略多種多樣，歸納起來可以分為四大類。即大型活動產品策略、大型活動價格策略、大型活動分銷通路策略和大型活動促銷策略。

一、大型活動產品策略

　　大型活動產品，是指大型活動機構在特定時間為目標市場消費者包括旅遊者所提供的特定主題活動，例如主題環境、主題儀式、主題節目、主題系列產品等。與傳統旅遊產品不同，它是根據鮮明的主題線索、透過富於感染力的環境和組織形式、把各種相關的旅遊活動和產品串聯起來，使活動參加者在高度集中的、特定的時間內全面、深入地了解和體驗活動主題所蘊涵的社會文化理念。從市場行銷的角度來看，大型活動機構能否滿足市場需求，在很大程度上取決於該機構能否提供市場所需要的大型活動產品。因此，制定和貫徹正確、有效的產品策略，

透過提供適銷對路的產品滿足市場需求，就成為大型活動機構實現市場行銷目標的關鍵。

（一）產品的生命週期與行銷策略

任何一種大型活動產品，都有其市場生命週期，也就是說它必然要經歷一個由進入市場到退出市場的過程。產品的生命週期依據其需求量、銷售額和利潤額的變化，可分為介紹期、成長期、成熟期和衰退期4個階段。大型活動產品在生命週期的各個階段有著不同的特點和規律性，這就要求大型活動機構採取與產品生命週期各階段特徵相適應的、靈活的行銷策略，使產品在有限的生命週期內創造盡可能多的社會和經濟效益。

1. 介紹期

在介紹期內，大型活動產品一般處於試驗性經營階段。從供給方面來看，具有接待能力小、經營成本高、服務品質不穩定、知名度低等特徵；從需求方面來看，具有需求量小、客源不穩定、對產品不熟悉等特徵；從經營方面來看，存在著銷售量小、營業額少、利潤微薄甚至虧損、市場競爭力弱等特徵。

根據介紹期的一般特徵，大型活動機構必須採取有效的行銷策略，迅速提高接待能力和服務品質，增加和穩定客源量，在擴大銷售量的同時增加經營利潤額，盡量縮短介紹期的時間，使產品早日進入成長期。這一階段可供選擇的行銷策略主要有：

（1）高格調策略。

又稱雙高策略，是指透過較高的促銷投入和較高的價格，使市場上的潛在客源及時了解和購買產品，從而使企業迅速占領市場，並在介紹

期獲取一定的營業利潤。這種策略適合於實力雄厚的大型活動機構在客源潛力巨大的市場條件下使用。

（2）低格調策略。

又稱雙低策略，是指採取較低的促銷投入和較低的定價措施，使市場上的潛在客源逐步了解和購買產品，並盡量降低大型活動的組織與經營成本，從而保證大型活動機構在介紹期內保持微利經營局面。這種策略適合於實力明顯不足的大型活動機構在潛在客源比較分散的市場條件下採用。

（3）全面滲透策略。

又稱密集式滲透策略，是指透過較高的促銷投入和較低的價格，使市場上的絕大多數潛在客源及時了解和購買產品，不惜虧本地迅速、全面占領市場，縮短介紹期的時間，以求儘早進入成長期。這種策略適合於實力較強的大型活動機構在激烈競爭的市場條件下採用。

（4）局部滲透策略。

又稱選擇性滲透策略，是指透過較低的促銷投入和較高的價格，使市場上迫切需要該產品又不太計較價格高低的部分潛在客源能夠比較方便地購買、使用這種產品，從而占領局部市場。這種策略適合於實力較弱的大型活動機構在潛在客源較少、競爭微弱的市場條件下使用。

2. 成長期

在成長期內，大型活動產品一般處於擴大再生產的快速發展階段。從供給方面來看，具有接待能力持續增強、經營成本不斷下降、服務品質日益穩定、知名度迅速提高等特徵；從需求方面來看，具有需求量急劇上升、客源繼續擴大和穩定、客源市場對產品的理解和熟悉程度不斷提高等特徵；從經營方面來看，存在著銷售量成長較快、營業額和利潤

額持續成長、市場競爭日益激烈等特徵。

根據成長期的一般特徵,大型活動機構應及時轉換行銷策略,迅速提高接待能力,提高籌備經營和服務品質,不斷拓寬客源管道,加大促銷力度,調整產品價格,保持競爭優勢,在擴大銷售量的同時增加營業額和利潤額。這一階段可供選擇的行銷策略主要有:

(1)強攻型策略。

為了滿足急劇成長的市場需求和增加組織機構的經濟效益,應集中人力、財力、物力,增加和改進大型活動接待設施和服務專案,使產品品質不斷完善、銷售量不斷增加、利潤率不斷提高,這就是所謂的強攻型行銷策略。在介紹期已投入較大促銷費用和已擁有充足客源的大型活動機構,適於採取這種策略。

(2)攻心型策略。

集中人力、財力、物力,重點營建網路化市場分銷通路,進行大規模市場促銷活動,提高產品的市場知名度,確立名牌地位,並積極開拓新市場,使產品擁有相對穩定、供不應求的供需環境,從而達到刺激潛在消費者購買欲望,促使潛在消費者向現實消費者轉化,加速產品交換進程的行銷目的。在介紹期重點進行產品開發並擁有高品質大型活動產品的機構或實行全面滲透策略的機構,多採用這種行銷策略。

(3)封鎖型策略。

透過降低價格或實行優惠折扣價格等措施,保持和增強產品的競爭力,擴大市場占有率,防止其他大型活動機構介入市場,形成相對的壟斷或賣方市場局面,為大型活動機構產品生產與交換創造良好的市場條件。在介紹期實行高格調策略或局部滲透策略的機構,一般會轉而採取這種市場行銷策略。

3. 成熟期

在成熟期內，大型活動產品處於收穫的黃金季節。總的來看，供給量、需求量、銷售額、營業額、利潤額都達到最高峰，而經營成本降到最低點。但是，該階段同類產品和替代產品大量出現，市場競爭達到白熱化程度，品牌大型活動產品具有明顯的競爭優勢。成熟期期末，市場需求開始萎縮，產品開始老化，銷售額、營業額和利潤額呈逐漸下降趨勢。

根據成熟期的一般特徵，大型活動機構應根據各自產品的特點和市場需求的變化，採取不同的行銷策略，不失時機地提高銷售量，實現最佳的經濟效益。這一時期可供選擇的行銷策略主要有：

（1）進攻型策略。

經營效益較好的大型活動機構，一般會借助產品品質優勢或品牌優勢，全面出擊，繼續擴大市場占有率，並延長成熟期的時間，透過增加銷售量，提高經營利潤。

（2）防守型策略。

經營效益一般、經濟實力有限的大型活動機構，一般會採取靈活、有效的價格策略，利用分銷通路和促銷宣傳等措施，維持已有的市場占有率。同時，透過成本控制，降低經營成本，保持較高的經營利潤。

（3）撤退型策略。

經營效益不佳或處於市場競爭劣勢的大型活動機構，應激流勇退，以避免進一步虧損。與此同時，把人力、財力、物力集中投入新產品的開發和新市場的開闢，以謀求在其他產品的經營領域獲得成功。

4. 衰退期

　　在衰退期內，大型活動產品一般處於更新換代階段，具有產品供給量過剩，需求量減少，經營成本升高，銷售量、營業額和利潤額繼續下降，市場競爭逐漸減弱等特徵。

　　根據衰退期的一般特徵，大型活動機構必須採取有效的行銷策略，盡量延長產品的生命週期，或以新產品替代老產品，或乾脆退出市場。這一階段可供選擇的行銷策略主要有：

　　（1）固守型策略。

　　這一階段許多大型活動機構在激烈的市場競爭中被淘汰，這為倖存者維持大型活動經營提供了可能性和現實性。因此，接待能力強、品牌優勢突顯、市場占有率高的機構，一般採取固守型策略，維持正常的大型活動籌備與經營，延長產品的生命週期，以獲取更多的經濟效益。

　　（2）轉移型策略。

　　由於市場需求不斷萎縮，許多大型活動機構根據企業長遠發展的需求，著手開發新產品，以取代老產品，從而滿足市場需求轉移的需求。這包括對老產品進行改造，增加新的附加功能；放棄部分需求不足的老產品，集中人力、財力、物力提高其他尚能適應市場需求的部分老產品的品質；更新老產品，提供新的替代產品等。

　　（3）放棄型策略。

　　產品老化、經營效益不佳的大型活動機構，應適時放棄現有產品市場，另謀出路。在產品已經衰老、經濟效益持續下降、但企業仍擁有一定經濟實力的情況下，大型活動機構可以選擇轉產，開闢新的產品開發與經營領域。

（二）產品組合與行銷策略

大型活動需求的多樣性，決定了大型活動機構產品的多樣性。多種產品以及同一產品的不同形態有機結合，便構成了產品組合。產品組合的三大要素是產品線的廣度、深度和相關度。大型活動產品線是指圍繞特定主題而設計的產品系列。大型活動產品線的廣度，是指產品系列所依託的活動主題的種類，一般表現為單一主題和多元主題兩種形態。產品線的深度，是指同一主題產品系列內部的層次結構，一般表現為單一層次和多層次兩種形態。產品線的相關度，是指各個主題產品系列之間的關聯程度，一般表現為密切相關和分散相關兩種形態。

在具體的籌備經營活動中，大型活動機構可以根據市場需求和內部資源條件的變化，靈活運用以下產品組合策略：

1. 單線單層策略

它是指以目標市場的部分客源為服務對象，籌備經營單一主題和單一層次的產品系列，以便提供主題突顯、特色鮮明、專案精練、專業化較強的產品，並透過較高的價格獲取利潤，或透過強化宣傳來樹立目的地形象。其優點是投資少、行銷目標明確、有利於提高產品品質和專業化程度等。其缺點是市場占有率小，容易受市場波動的衝擊，對市場需求的季節性和區域性變化適應能力較差等。旅遊交易會、特色美食週、特定國家文化週等短期促銷大型活動適於採用此種策略。

2. 單線多層策略

它是指以目標市場的部分客源為服務對象，籌備經營單一主題但多種層次的產品系列，以便提供主題突顯、分支主題深度展示、活動形式豐富多彩的產品，透過差別價格獲取差別利潤，在進行基礎層面促銷的同時又

能深度開發與經營具體的商業產品。其優點是投資適中、促銷與業務經營有機融合、有利於提高產品的知名度和銷售量。其缺點是市場占有率小，業務範圍狹窄，對市場需求的季節性和區域性變化適應能力較差等。許多旅遊目的地舉辦的旅遊節、美食節、文化節都採用這種策略，根據國家風景區、特色美食和地方文化確定活動主題，然後圍繞主題深度開發特色景點、特色菜品和特色文化專案的分支主題，形成多層次產品系列。

3. 多線單層密集策略

它是指以目標市場的全部客源為服務對象，籌備經營多種主題產品系列，以便滿足各個消費族群的多種需求，透過提高銷售量來增加盈利。其優點是市場占有率大、對季節性和區域性需求變化適應能力較強、銷售額和利潤額一般較高等。其缺點是投資較多、籌備經營難度大、行銷目標比較模糊、進入衰退期後負擔沉重等。

4. 多線多層密集策略

它是指以目標市場的全部客源為服務對象，籌備經營多種主題產品系列，而每一主題產品系列又由若干分支主題相呼應，以便在實現促銷目標的同時盡可能提高各種產品的銷售量。其優點是市場占有率大，對季節性和區域性需求變化適應能力較強，產品形式和內容豐富，行銷和經營效果一般較為明顯。其缺點是投資較多，籌備經營難度大，行銷目標比較模糊，特別是各種主題之間存在內部競爭，籌備不當可能產生嚴重的內耗。在針對同一目標市場舉辦不同主題的大型旅遊活動的過程中，如果活動組織目標超越了單一的形象塑造範圍，進而延伸到旅遊業務經營範圍，就要求大型活動的組織機構採取多線多層密集策略，進行各個主題的多層次開發，形成相關領域多主題、多層次產品結構。

5. 多線單層分散策略

　　它是指以多個目標市場的客源為服務對象，籌備經營多種產品系列，但各個產品系列的主題關係鬆弛，且每一產品系列層次單一，便於把籌備經營風險分解到不同的市場，或實現多種經營領域共享同一大型活動促銷機會。其優點是，大型活動機構的籌備經營不會受到單一市場不利因素的致命影響或衝擊，使該機構具有較強的應變能力和生存能力，尤其是在某一主題產品系列進入衰退期時可以順利實現轉產。其缺點是投入多、成本高、經營目標分散、專業化程度低等。

6. 多線多層分散策略

　　它是指以多個目標市場的客源為服務對象，籌備經營主題互不相關的多種產品系列，每一產品系列相對獨立，內部層次較多，可以實現各種主題和各種產品系列共擔風險，共享同一促銷和業務拓展機會。其優點是，籌備經營的抗風險能力較強，消費者滿足需求的選擇方式較多，從而使大型活動具有持久的生命力。其缺點是投入多、成本高、經營目標分散、各種主題活動之間競爭激烈等。

二、大型活動價格策略

　　價格是大型活動商品交換的中介物，具有調節產品供求關係的重要功能。為了實現市場行銷策略目標和任務，大型活動機構必須根據市場需求、供給、競爭等因素的特點和變化情況，採取相應的價格策略。比如：在市場需求不足的情況下，可以透過各種優惠價格刺激需求量的增加；在供不應求的情況下，可以適當提高產品價格，以獲取更多的利潤；在市場競爭激烈的情況下，可以採取低價策略，增強產品的競爭力等。

（一）低價策略

　　它是指大型活動機構為了實現市場行銷策略目標和完成某種策略任務，而制定和實施的較低產品價格。低價策略的主要功能有：

- 使新的活動產品迅速進入和占領市場；
- 刺激需求量的增加；
- 增強產品的競爭力；
- 延緩產品的生命週期等。

（二）高價策略

　　它是指大型活動機構為了實現市場行銷策略目標和完成某種策略任務，而制定和實施的較高產品價格。高價策略的主要功能有：

- 增加大型活動籌備經營的利潤；
- 提高大型活動產品品質，確立品牌地位；
- 為擴大籌備經營規模或拓展經營範圍累積資金；
- 適當限制過度需求量或選擇理想的消費族群等。

（三）差價策略

　　它是指大型活動機構為了實現市場行銷策略目標和調節供需關係而制定和實施的具有差異性的產品價格，如淡旺季差別價格，特邀嘉賓、義工與一般觀眾差別價格，團體與個體觀眾差別價格，義演與商業演出差別價格等。差價策略的主要功能有：

- 調節各種活動產品的季節性需求不平衡狀況；
- 調節各種活動產品的區域性需求不平衡狀況；
- 刺激部分疲軟活動產品的市場需求量；

- 選擇消費族群或獎勵活動贊助人員；
- 鞏固重要客源等。

（四）消費心理價格策略

它是指大型活動機構為了實現市場行銷策略目標和激發潛在客源的消費欲望，而制定和實施的具有滿足消費者心理需要功能的產品價格。

1. 分級價格

由於大型活動參加者在支付能力、消費動機、消費習慣等方面存在著較大差別，因而其消費心理呈現出多樣化特徵。根據這一特徵，大型活動機構通常採取分級定價的策略，使消費者在價格方面擁有更大的選擇餘地，在心理上得到充分滿足，最終達到加速商品交換的目的。此類價格包括面向一般零散觀眾的單項活動價格、多項可選活動價格和全部活動綜合包價，如：面向不同消費族群的學生價格、老年人價格和其他特殊族群的優惠價格；面向有組織消費族群團體價格等等。

2. 榮譽價格

大型活動的公益性和促銷性決定了它必須最大限度挖掘和發揮社會影響和社會力量在整個活動中的重要作用。通行制定和實施榮譽價格，可以有效刺激社會各界名人、社會義工和部分追求社會名譽的消費者參加大型活動的積極性。此類價格一般表現為特邀嘉賓、貴賓、贊助者、義工、臨時演員等榮譽價格。其中特邀嘉賓一般是透過其社會影響力或名人效應換取免費贈票，贊助者和義工實際上是透過資金或勞務贊助換取免費或優惠待遇，一般觀眾則是透過較高價格購買貴賓票以示對活動主題的贊同和支持。

三、大型活動分銷通路策略

分銷通路是指產品從生產領域向消費領域轉移時所經過的途徑。大型活動分銷通路策略，就是透過一定的方法和手段，選擇和建立合理的分銷通路，把大型活動產品有效地轉移到消費領域。大型活動產品籌備與消費的同步性，決定了其分銷通路比較短，也就是說它的分銷通路的中間環節比較少。而大型活動產品的不可儲存性，又決定了它的分銷通路比較寬，即它必須同時選擇多個分銷代理，以便使活動產品能夠在特定時間內被觀眾欣賞。

（一）直接與間接分銷策略

直接分銷通路策略是指大型活動機構直接把產品銷售給消費者。其主要優點是，產品交換便利、銷售成本低、市場資訊回饋快。其不足之處是：機構組織力量分散、市場涵蓋面窄、專業化程度較低。多數大型活動機構都不同程度地採用直接分銷通路策略，如透過本機構的市場部門、網路預訂系統、街頭售票點和義工進行產品銷售。

間接分銷通路策略是指大型活動機構透過中間商把產品間接地銷售給消費者。其主要優點是，組織機構可以集中力量舉辦主題活動，利用中間商擴大市場占有率，透過預訂銷售代理機構提高銷售專業化水準。大型活動機構經常選擇的間接銷售通路有旅行社、飯店、劇院、公園、報刊零售商和網路預訂銷售代理商。

（二）短通路與長通路分銷策略

分銷通路的長度是指通路的縱向關係。大型活動機構透過一道中間商把產品銷售給消費者，稱為短通路策略；大型活動透過兩個及以上道

209

中間商把產品銷售給消費者，稱為長通路策略。由於大型活動延續時間一般較短，而且主要依靠活動主題吸引觀眾，所以大型活動機構大多採取短通路分銷策略。但是，為了克服國別文化障礙和地理距離障礙，舉辦大規模國際性大型活動的機構，往往透過國內外多道中間商進行長通路分銷。

（三）窄通路與寬通路分銷策略

分銷通路的寬度是指通路的橫向關係。在一道中間環節使用少量中間商進行銷售，稱為窄通路策略；而使用大量中間商進行銷售，則稱為寬通路策略。採用窄通路策略有利於進行容量控制，保證大型活動接待品質，提高活動產品的信譽。運用寬通路策略便於進行市場滲透，擴大銷售量。通路的寬度並無一定的標準，大型活動機構一般在產品介紹期和成長期採用寬通路策略，而在成熟期和衰退期則採用相對的窄通路策略。

四、大型活動促銷策略

促銷是以激發需求者購買欲望、影響其消費行為、增加產品銷售量為目的的資訊溝通和說服工作。大型活動產品時效性強，而且活動主題及主題活動專案根據組織目標的要求不斷變化，因此必須借助有效的針對性促銷手段，幫助分散的需求者了解並做出購買產品的決策。

（一）廣告宣傳策略

廣告宣傳是指透過電視、廣播、報刊、雜誌、互聯網等廣告媒體，把有關大型活動產品的資訊傳送給消費者。其中電視和廣播廣告具有傳

播面廣、資訊傳遞快等優點，但也存在著傳播週期短、資訊容量少等缺陷；報刊、雜誌廣告資訊容量大、專業性較強，但涵蓋面相對較窄、資訊傳遞較慢；網路廣告具有全天候和便於更新的優點，但對網路技術要求較高。此外，廣告牌、海報、標語、霓虹燈等也是廣告宣傳的媒體。廣告宣傳主要用於新產品的介紹和大型活動機構企業形象的塑造。

（二）人員促銷策略

人員促銷是指大型活動機構派出推銷人員，直接向公眾介紹和推薦大型活動產品。大型活動機構一般借助義工在繁華的商業區和公共休閒遊樂場所進行人員推銷活動，同時也委託旅行社或專業銷售公司對特定行業組織、藝文團體、學校等進行針對性較強的專項促銷。

（三）營業推廣策略

營業推廣是指大型活動機構透過優惠的經營活動，使消費者親自體驗參加主題活動的收穫，以便加深對活動主題的了解，或給予代理商一定的代理回扣，從而促使代理商進一步擴大代理銷售量。比如：慈善募捐活動組織機構為熱衷公益事業的人士提供免費的慈善義演晚會入場券或參觀捐建的老人院或希望小學等，從而激發他們慈善捐助的熱情。

（四）公共關係促銷策略

公共關係是一種間接的促銷策略。其主要功能是設計和樹立企業的整體形象，維持和協調大型活動機構與社會的良好關係，從而為企業的長遠發展以及產品銷售量的穩步提高創造必要的條件。公共關係的內容一般包括參與社會公益活動，向社會介紹企業的經營宗旨和發展計畫，

建立與相關企業、社會團體、行政管理部門的良好關係等。

　　大型活動市場行銷的 4 種基本策略是相互連繫、互為補充的，在實際操作中往往綜合運用幾種策略，形成行銷策略組合。一般來講，公共關係策略應貫穿於行銷活動的整個過程之中，在不同的經營階段又要針對市場供求關係的變化以及企業自身的特點，選用一種或幾種行銷策略，以取得最佳的促銷效果。

◆ 專業詞彙

　　大型活動市場行銷；實物產品；大型活動產品；形象塑造；主體形象；附屬形象；公益性目標；市場行銷策略；市場行銷策略；市場細分；市場定位

◆ 思考與練習

- ◆ 如何正確選擇大型活動市場行銷的目標？
- ◆ 大型活動市場行銷體系由哪幾部分構成？
- ◆ 試析市場挑戰者常用 5 種市場行銷策略。
- ◆ 大型活動產品進入成熟期後有哪些可供選擇的產品策略？
- ◆ 簡述大型活動直接與間接分銷策略的優缺點。

第 7 章
大型活動人力資源管理

◆本章導讀

　　大型活動的組織實施要依靠來自不同部門、不同專業、不同社會團體的管理人員、技術人員和義工組成的臨時團隊來完成，因而大型活動人力資源管理具有其自身的特點。透過本章學習，應了解大型活動人力資源管理的基本原理和內容，熟悉大型活動人力資源構成的特點以及對管理人員的職責要求，掌握大型活動人力資源開發、利用和管理的基本途徑和方法。

　　一切企業經營管理活動的開展，不管是具有宏偉的策略規劃、周密的業務計畫和具體的策劃方案，還是擁有先進的技術支援、雄厚的資金保證或其他物質基礎，最終都需要由具有主觀能動性的人來組織、落實和實施。大型活動機構同樣需要一定數量的具有敬業精神和專業技能的人力資源。企業如何根據業務發展需要和人力資源市場的供給狀況，有效地獲取合格的人力資源並且進行有效地開發利用是擺在每一個大型活動機構管理者面前的一項長期而艱巨的策略任務。

第一節　大型活動人力資源管理概述

一、人力資源管理概念體系

（一）人力資源管理的概念

　　大型活動的人力資源管理，是指大型活動機構為了實現既定目標，對人力資源進行有效開發、合理利用和科學管理的過程。從開發的角度看，它不僅包括人力資源的智力開發，而且也包括對人力資源的思想覺悟和道德素養的綜合提高。從利用的角度看，它不僅包括人力資源現有能力的充分發揮，而且也包括人力資源潛在能力的有效挖掘。從管理的角度看，它不僅包括人力資源的預測與規劃，而且也包括人力資源的組織與培訓。總之，大型活動機構的人力資源管理就是一個選才、求才、用才、育才、勵才和留才的過程，具有系統性、前瞻性、策略性、政策性、實踐性和二重性等特點。

（二）人力資源管理原理

　　大型活動的品質取決於團隊成員的素養。在制定大型活動經營計畫和具體活動專案的設計時，就需要對所需員工的數量和類型進行分析，並確定旨在激勵員工積極性的薪酬和福利方案。因為大部分大型活動機構的收入取決於大型活動的經營收益，而且大型活動組織過程中所需工作量和現金流量通常毫無規律可言，於是，許多公司透過盡可能少地僱用長期性員工來使這些間接費用便於管理。當工作需要的時候，這些公

司將僱用臨時工、自由職業者、實習生，甚至是義工來幫助他們開發、管理、執行這些特殊專案。不管使用哪種策略，都要合理運用以下幾個原理，盡可能地吸引最優秀的人才：

1. 以人為本原理

人是最積極、最活躍、最具能動性和革命性的生產要素，人力資源是區別於其他一切自然資源和經濟資源的一種特殊資源。它既是天然資源，又是再生資源；既是物質資源，又是非物質資源。與其他經濟資源相比，具有品質、時空、自然和社會等方面特徵。總之，人力資源是企業的第一資源。因此，要充分尊重「人性」，把人力資源視為企業中最主要和最重要的資源，有效運用激勵手段，充分發揮人力資源的潛能。

2. 開發先導原理

如果大型活動機構不能使其擁有的人力資源發揮有效價值，該機構將處於競爭劣勢；能夠發揮人力資源有效價值，但不具有稀缺性的人力資源，只能使該機構維持競爭均勢；具有有效價值而且是稀缺的，但是易被模仿的人力資源，只能使該機構在短期內獲得競爭優勢，一旦被其他競爭者模仿複製後，該機構又回到競爭的均勢。只有那些有價值的、稀缺的，同時又難以被模仿的人力資源特性，才可能構成大型活動的持久競爭優勢。因此，大型活動機構要把人力資源管理的重點放在「開發」上，而不是像傳統的人事管理那樣把重點放在「管人」上。

3. 系統科學原理

傳統人事管理實行的是封閉的、被動的和事務性管理模式：視員工為大型活動的負擔、投入的成本，管理多為「被動反映性」，以「管事」為中心，只注重管好現有員工，用好已有知識，人事管理部門處於執行

層，是非生產和非效益部門。而人力資源管理則實行的是開放的、主動的和育才型管理模式：視員工為能動的資源、未來的收益，管理多為「主動開發性」，以「育人」為中心，除了開發大型活動正式組織內的人力資源，還注重開發非正式組織、團隊和組織外的人力資源，人力資源管理部門處於策略決策層，是生產和效益部門，要求全員主動參與，保持動態的發展。兩者的區別在於：前者注重內部管理，後者注重內外開發。大型活動機構由傳統人事管理到現代人力資源管理的轉變，實質上就是一個由靜態到動態、由被動到主動、由短期到長期、由戰術到策略轉變的過程。因此，要掌握人力資源管理的系統科學原理，糾正傳統人事管理僅以局部利益或單一事務為導向的傾向。

二、人力資源管理流程與職責

（一）人力資源管理流程

大型活動人力資源管理流程可概括為分析－規劃、獲取－分配、培訓－開發、績效－評價、獎懲－激勵、效能－保持以及關係－調整。

1. 分析－規劃

主要包括大型活動工作分析、設計與再設計、建立人力資源管理資訊系統和編制人力資源發展規劃等環節。

2. 獲取－分配

主要根據人力資源發展規劃和具體活動專案的需要獲取並分配人力資源，包括招聘（程序、管道和方法）、甄選（自我介紹、面試、測試）和錄取（原則和方法）等環節。

3. 培訓－開發

根據人力資源發展規劃、具體活動專案的需求以及員工的自身特點進行各種形式的培訓和開發，主要包括員工導向與社會化、員工培訓和職業發展管理等。

4. 績效－評價

根據工作計畫所確定的目標指標和員工的實際工作成果，透過對比和測定對員工的工作業績進行評價，主要包括工作評價、績效考核和士氣調查等。

5. 獎懲－激勵

根據工作業績評價結果，確定具有激勵性的獎懲政策和措施，主要包括薪酬獎勵、保險福利和紀律處罰等。

6. 效能－保持

根據大型活動機構發展的需求，營造並持續改善提高人力資源效能的環境，主要包括健康安全和勞動保護。

7. 關係－調整

根據大型活動機構集體合作的需求，透過人力資源的合理分配，建立並不斷調整組織中的合作關係，主要包括法律法規、制度調整、人員流動和勞工關係等。

隨著管理顧問業的發展，人力資源管理職能發生了變化，一部分職能轉向社會化的企業管理服務網路。如檔案、招聘、培訓、評估、保障等。

（二）人力資源管理的職責

1. 大型活動人力資源管理目標

合理分配資源，挖掘資源潛力，促進共同發展；提供相關服務，協調業務關係，確保目標實現。

2. 大型活動人力資源管理職責

大型活動所有的管理者，都是人力資源管理者。他們負有共同的責任，只是在具體人力資源管理活動上分工不同。概括地說，人力資源管理部門的責任在於人力資源政策的制定和闡述；而其他部門的責任在於執行、控制和回饋。

三、大型活動機構人力資源的構成

與承擔其他活動的企業不同，大型活動機構由於要在較短時間內開展較大規模並且具有較大影響的特定主題活動，其所使用的職業人員不僅是傳統意義上的正式員工，而且還包括許多具有臨時性質的員工。在未來相當長的一段時間裡，隨著人力資源社會化及其工作彈性化趨勢的發展，這種趨勢將越來越明顯和突出。大型活動機構人力資源的特殊成員有：

（一）自由職業者

目前，由於社會上對於大型活動行業的關注程度與日俱增，這對於那些正在尋找一個比現在的工作更加令人興奮、更具有創造性的新工作的年輕專業人才來說具有強大的吸引力。許多自由職業者樂意透過參加一些大型活動來延伸他們可能的工作網絡。隨著聲響的日益提高，大型

活動機構會發現越來越多富有潛力的自由職業者。大型活動機構可以僱用自由職業者作為臨時性員工或外包人員。外包人員的主要身分是賣主，因此大型活動機構勿需對他們的工作進行嚴格地控制。而對於那些作為臨時性員工的自由職業者卻可以控制得更緊一些，要求他們與其他員工一樣遵守機構的作業流程和規章制度，包括以同樣的方式僱用、考核和解僱他們。只有這樣才能使他們全身心地投入到機構的具體專案或活動中去。

　　對於自由職業者，大型活動機構通常不要求他們參與機構的全年工作，他們的價值將特別展現在大型活動的職能管理上。自由職業者一般比較擅長於大型活動管理的某一特定領域，如交通運輸系統、客戶管理系統及產品展示等。同時，他們還可以填補由於長期員工的離職所產生的職位空缺。由於自由職業者在一年當中可以自由地為任何一家大型活動機構工作，在機構出現職位臨時空缺時，大型活動機構可以與同行之間互相推薦各自聯絡和掌握的一些自由職業者。

（二）實習生

　　大型活動行業的迅速發展同樣需要和吸引著越來越多的人參與其中，成為大型活動機構的實習生。他們不僅包括在校就讀的中學生、大學生和研究生，還包括那些來自其他行業、正在尋找新職業的專家們。實施實習生方案對於僱傭雙方都是十分有益的：大型活動機構為實習生提供實踐和培訓的機會以及少量的現金報酬，實習生可以彌補機構臨時短缺的職位，奉獻他們的聰明才智。事實上，這些年輕聰明、富有創造力的實習生是大型活動行業及其機構所必需的。他們可能缺乏甚至根本就沒有大型活動的實踐經驗，但是他們的聰明才智、獨特見解和敬業精

神卻可以使得大型活動機構以最少的培訓支出獲得急缺的人力資源。從機構發展的角度看，大型活動機構僱用實習生有利於選拔和培養未來的自由職業者和正式員工。

　　雖然實習生由於缺乏經驗在較短的實習期間不可能為機構承擔重要性的工作，大型活動機構往往支付很低的報酬而且也不能享受正式員工的福利待遇，但這並不意味著機構就可以放鬆對他們的管理。相反，應該加強管理，嚴格要求。像招聘正式員工那樣，要嚴格履行招聘、面試和錄取流程，賦予與其能力相符的工作職責，要求他們嚴格遵守機構的規章制度。如果對他們缺乏信任，放鬆要求，只賦予一些祕書性的「打雜」工作，必將傷害他們的自尊心和進取心，影響與實習生所在學校的友善合作關係。最終可能會由於機構給他們留下的不良印象而損害機構的口碑和聲譽。

（三）義工

　　在開展一些公益性活動，如體育賽事、資金募集、節日慶典等活動時，大型活動機構可以向社會招聘和使用大量的義工。他們一般承擔事務性或勞務性的非管理工作。實際上，許多社區居民和學校學生都非常願意加入到義工的隊伍中去，為他們所熱愛的社會公益活動提供義務服務。

　　在大型活動行業，經常存在著對義工管理不當的問題。大型活動機構的管理者們往往認為參與某項活動的義工人數眾多、熱情很高，沒必要給予過多的指導和幫助。他們既不了解義工的心態和專長，更不會尊重他們的權利和成果，結果使得義工的熱情和興趣遭受了沉重的打擊。為此，大型活動管理專家建議，最重要的是要把他們置於一個令他們自

己和你都感到舒服和感激的位置。如果你讓義工感受到了被人感激和尊重的滋味，他們將不知疲倦地為你工作。事實上，義工雖然付出了大量的時間和精力，但他們的確只有一個最單純的願望：就是期待大型活動的成功。作為大型活動的籌劃者和管理者，對義工最好的表達方法就是專門為義工舉行慶功會，為每位義工贈送一份象徵感激的紀念品，「你應該讓他們在離開的時候有一種驕傲和自豪的感覺，對這種經歷和你個人都感覺良好！」

第二節　大型活動機構的人力資源獲取

　　大型活動機構的人力資源獲取，是指機構為實現既定目標，招聘、甄選和錄取機構所需要的、與工作相適應的人力資源的過程。招聘、甄選和錄取三個環節構成了一個完整統一、不可分割的人力資源獲取系統。

一、大型活動機構的人力資源招聘

　　大型活動機構的人力資源招聘，就是機構根據人力資源規劃所確定的人員需求，透過多種管道、利用多種手段，廣泛吸引具備相應資格的人力資源向機構求職的過程。它直接影響著機構在人力資源分配方面的成本、效益以及人員甄選、錄取工作的數量、難度和效果。

　　大型活動人力資源的招聘一般包括：確定招聘規模、制定招聘計畫、發布招聘資訊、組織實施招聘和評估招聘效果等五大步驟。這裡主要介紹招聘組織實施的一些重要內容。

（一）大型活動機構人力資源招聘管道

　　大型活動機構人力資源的招聘管道包括內部和外部兩種管道。內部招聘即優先向機構現有人員傳遞有關職位空缺資訊，吸引其中具有相應資格且對有關職位感興趣者提出申請。內部招聘應遵循公開、公正、公平和寧缺毋濫的原則，使每一個員工都感到自己有被提升的機會，從而

發揮內部招聘的優勢，造成調動全體員工積極性的作用。外部招聘一般是在內部招聘難以滿足機構人力資源需求的情況下，機構有意識地向外部發布資訊，吸引機構急需的人力資源前來應聘。外部招聘同樣需要遵循公開、公正和公平的原則，不要發生名外實內的所謂「內定」。

實際上，這兩種管道各有優劣並且是互為優劣，即一種管道的優勢就是另一種管道的劣勢，反之亦然。例如：外部招聘的優勢是：它可以為機構帶來「新血」和新的思想觀念；為招聘者提供認識外面世界的機會；求職者的新奇印象有助於增強現職員工的自信心；外部招聘比內部培養成本要低；可以避免與內部招聘有關的「政治」問題；作為組織的一種廣告形式，可以向公眾提示機構的服務內容。反過來，這就構成了內部招聘的劣勢。再如外部招聘的劣勢是：很難招到一個在企業文化和管理哲學方面能夠很好兼容的員工；如果機構內的員工感到升遷無望，則會產生士氣問題；在員工的定向問題上需要更長時間；在剛到職的一段時間裡新員工工作效率不高；在機構內員工相信與外聘者一樣能夠勝任工作時，會產生「政治」問題和個性衝突。可是外部招聘的這些劣勢恰恰是內部招聘的優勢。

根據大型活動機構人力資源管理的經驗，我們可以得出這樣一個基本結論：先內後外，內升為主，外求為輔；員工外求，中基內升，高層兼有。就是說，大型活動機構人力資源的招聘主要是較高職位的晉升，首先應立足於機構內部，在內部難以找到合適人選的情況下，才向社會或人力資源市場公開招聘；基層員工，當然只能從機構外部招聘過來，但對於開展業務較長的機構來說，中層和基層的管理者最好是從內部選拔，而對於高層管理者的選拔卻不必拘泥於此，可以兩者兼顧。

（二）大型活動機構人力資源招聘方法

大型活動機構的招聘方法依據其兩種管道，主要有兩大類六種具體方法。

1. 內部招聘方法

（1）檔案法。

這就是大型活動機構依據員工檔案所提供的資訊，初步做出招聘（實際上是晉升）決定的一種內部招聘方法。使用這種方法的一個重要前提是，機構員工檔案所提供的個人資訊必須是可靠、應時和詳細的。

（2）推薦法。

這就是大型活動機構內部員工主要是管理人員根據招聘職位的資格要求，把認為符合任職要求而又非常了解的員工推薦給人力資源部門供其選拔的一種內部招聘方法。這種方法既可用於內部招聘，也可用於外部招聘。大型活動機構採用這種招聘方法時，一定要要求推薦人努力做到「外舉不避嫌，內舉不避親」。

（3）布告法。

又稱之為「告示法」，就是指大型活動機構主動向機構內部員工發布相關職位空缺資訊，吸引其中對相關職位感興趣並且基本具有相應資格的員工提出應徵申請。機構使用這種方法一定要使全體員工及時、充分地了解到職務空缺資訊和相應的任職要求，使之感覺到機構招聘的透明度和公平性，以利於提高員工的士氣。為此，要做到一下幾個方面的工作：第一，告示必須貼在引人注目之處；第二，張貼時間應早於對外招聘時間（至少應提早一週），使員工感受到優先權；第三，告示應詳細說明職位對任職者的資格要求，以及做出任用決定所遵循的規則和標準；第四，一旦做出任用或不任用的決定，應立即通知申請者本人。

2. 外部招聘方法

（1）校園招聘。

現在，越來越多的大型活動機構都積極採取到大專院校招聘應屆畢業生或委託培養專業人員的做法。有些儘管暫時不大缺人的機構，也不放棄每年到各類院校招聘人員的機會，以樹立自己的企業形象。一些小型機構多半在當地的院校中招聘人員，而大型機構則多挑選有名望的學府。為此，大型活動機構的人力資源部門應該建立並保持與一些院校的密切聯絡，即時掌握科系設置和畢業生情況，定期到校園去開展人才招聘活動。在條件允許的情況下，可以透過資助或全部負擔人才培訓費用的方式，將未來所需的一些在校生轉為企業公費生。另外，還可以透過為即將畢業的職校生提供實習場地和機會的方式進行校園招聘。

（2）廣告招聘。

這是大型活動機構最常用、最簡單而且資訊傳播最廣泛的一種招聘方法。使用這種方法的前提是，要有準確的媒體定位。在廣告內容的製作上，一般應包括機構簡介、職位介紹、職位要求、待遇說明和聯絡方式等內容。應充分適用「以利相引」、「以責相斥」的技巧，盡可能明確、詳盡、真實地說明工作的責權利以及任職資格要求。

（3）就業仲介機構。

主要有政府、非營利組織和私人開辦的各類就業仲介機構，包括人力銀行、人才交流中心或人才市場、人才獵頭公司、高級人才獵頭公司等。一般的就業仲介機構傾向於介紹中初級職位，主要為那些沒有人力資源部門的小機構，或即使有但尚未形成理想人才庫，或個別空缺職位急需填滿的機構提供招聘服務。大型活動機構在委託仲介機構代理招聘的時候，一定要為之提供完整、準確的招聘資訊，這包括職位說明、招

聘標準和具體方法。如有可能的話，要定期檢查被接受或被拒絕的候選人的資訊。

在人力資源招聘的實踐中，許多大型活動機構實際上根據機構的具體情況和需求的數量與類型，同時採用幾種不同的招聘方法。

■ 二、大型活動機構人力資源甄選

大型活動機構的人力資源甄選就是機構在初步招聘的基礎上，對基本符合要求的求職者所進行的慎重選擇的過程。主要包括求職者的自我介紹、機構對求職者的面試和機構對求職者的測試等三個環節。

（一）求職者的自我介紹

以書面形式出現的求職申請表則是最常見的一種自我介紹形式。雖然不少求職者首先會向職缺單位遞交求職信和履歷表，職缺單位可以從中獲得相關資訊，但是，為了便於對資料的整理分析和對求職者的比較評價，職缺單位大多會要求求職者再填寫一份由該單位設計的申請表。申請表的內容應根據不同職位需求而定，每一欄目都要有一定的目的。一般而言，申請表主要包括以下幾方面的內容：個人基本情況、受教育情況、工作經歷、其他能力和特長、期望或要求。有些職缺單位為了了解求職者的性格特點，還涉及個人興趣、愛好等。為了確保求職者所填寫內容的真實性，一些職缺單位特設「自願保證」或「聲明」一欄，如「我保證表中所給資訊屬實，若有虛假之處，願接受立刻辭退的處分」，並要求求職者在此簽名。

西方國家的大型活動機構一般要求求職者提供工作證明參考文件（work references）和個人證明參考文件（personal references）。

（二）大型活動機構對求職者面試

透過求職申請表，大型活動機構只是了解到了求職者的一些基本情況，要深入了解求職者及其職業適應性情況，就必須借助對求職者的面試。

1. 面試方式

大型活動機構的面試方式雖然可以有按結構劃分、按目的劃分、按內容劃分、按形式劃分、按時間劃分和按手段劃分等多種不同形式，但常用的主要有結構式面試、非結構式面試和壓力型面試等三種形式。

（1）結構式面試。

結構式面試就是面試者按照事先制定好的面試提綱上的問題一一發問，並按照標準格式記下面試者的回答和對他的評價。這種面試的優點是，有利於提高面試的效率，能夠比較全面地了解求職者的情況。對所有求職者都要求回答同樣的問題，便於分析和比較，具有較好的效果。缺點是談話制式化，不能做到因人而異，缺乏靈活性。

（2）非結構式面試。

非結構面試也稱非指示面試。它沒有固定格式，沒有統一的評分標準，所提問題可以因人而異，往往提一些開放性的問題，也可事先準備一些重要的問題，面試者可以根據情況隨時發問。它的優點是，靈活性強，可以根據求職者的陳述或求職者關心的內容提出相關的問題，有重點地收取更多的資訊。缺點是結構性差，主觀性強，缺少統一的判斷標準，對面試者的要求較高，易產生偏差。

（3）壓力型面試。

壓力型面試主要是為那些徵才職位的需求所設計，面試官的態度取決於求職者的應答。它是透過對求職者提出一系列粗魯或敵意的問題，

給求職者意想不到的一擊,而使其處於不愉快或尷尬的情景之中。面試者從中可以觀察出求職者的反應。採用這種方法可以辨別求職者的敏感性和承受壓力的能力。因此,它較多用於甄選那些要求敏感度較強和壓力承受力較高的工作。

在實際面試過程中,大型活動機構可以靈活使用上述幾種面試方式。

2. 面試流程

(1)面試前的準備。

在這個階段,機構要做好以下三個方面的工作:其一,確定面試計畫。它包括了解和掌握求職者的全部資料,並做好必要的筆記;盡量採用結構式面試,擬寫面試提綱;確定雙方都方便的面試時間,選定適當的面試地點;面試的場所必須寬敞、整潔和井然有序,並且要安靜,不受干擾。其二,任命面試小組。面試小組一般由 3～6 人組成,其成員主要來自職缺部門主管和人力資源部門負責獲取的工作人員。面試小組成員必須訓練有素,具有豐富的實踐經驗。其三,開發提問及其標準答案。面試提問是根據對所應徵職位的分析和該職位職責的評價而開發設計的。開發提問答案和每一提問的五等分評分量表,以此作為面試標竿。

(2)面試進行階段。

面試開始時,除壓力面試外,主試者就應注意創造一個良好的氣氛,解除求職者的緊張和顧慮。主試者要注意觀察、善於傾聽,不要唱獨角戲,也不要隨意打斷求職者的陳述,盡可能讓他說完。求職者在回答問題時應給他充分的思考時間。不應有匆忙、焦急和不耐煩的表情,也不應表達自己的觀點。

（3）面試工作結束。

不論錄取與否，面試都應在友善的氣氛中結束，要允許求職者提問，要立即整理面試記錄，填寫面試評價表，核對相關資料做出總體評價意見。如果錄取意見有分歧，不要急於下結論，可安排第二輪面試。在總結評價時，要特別注意下述情況：不能提供可信的離職理由；以前職務（或薪資）高於現應徵的職務（或薪資）；是否有不良紀錄；是否有家庭問題；是否經常換工作等。

3. 面試技巧

（1）觀察技巧。

透過觀察外部行為特徵來評價其內在心理狀態。外部行為特徵主要是語言行為和非語言行為。語言行為包括言詞表達的邏輯性、準確性、清晰性和感染力，還包括副語言行為如音質、音量、音調、節奏變化等。對語言行為的觀察可獲得個體的態度、情緒、學識水準、能力、智力等方面的情況。非語言行為包括儀表、風度、手勢、體態變化、眼神、面部表情、身段表情、言語表情和生理反映現象等，體態動作常常是了解一個人內心的更可靠的線索。

（2）提問技巧。

提問方式主要有：

◆ 封閉式提問：對方只能做是與否的簡單回答。
◆ 開放式提問：「你為什麼要申請這項工作」，鼓勵求職者做出陳述。
◆ 假設性提問：這也是一種開放式提問，只不過是假設一種情況，看他會做出什麼反應。
◆ 壓迫性提問：這是測試求職者在壓力情景下的反應，如：「過去一年你最大的缺點、錯誤是什麼？」。

◆ 引導性提問：如「你是否知道公司的一些小道消息？講講看」，可測試保密性、受暗示性等。

（3）避免面試偏差。

在面試過程中，面試者要避免閃電式判斷、第一印象錯誤、「月暈」效應、相似性錯誤、對比性錯誤、強調負面資訊、非語言動作影響、傾聽記憶不佳和受僱用壓力影響等面試偏差。

（三）對求職者的測試

面試雖然可使主試者有機會直觀地了解求職者的外表、舉止、表達與社交能力，以及某些氣質和對人的態度等，但很難深入了解求職者的誠實、可靠、堅強等內在個性和實際工作能力。對求職者的測試則能在一定程度上彌補這些不足，作為一種間接的測量手段，能造成一定的輔助作用。

1. 專業測試

目前有一些職業的專業知識技能測試由社會某個組織統一舉辦，但在甄選員工活動中，絕大多數職位的專業知識技能需要職缺公司的人力資源部門協同主管部門共同設計和實施。通常在招聘初期進行，成績合格者才能繼續參加下輪的測試。專業知識、技術或技能測試一般採用試題形式的口試或筆試和工作情景測試兩種方式。筆試可以是多項選擇的形式，也可以是論文寫作的形式。

2. 心理測試

一般情況下，一些大型活動機構聘請心理學家專門開發和設計有關的心理測試，有些機構就直接購買標準的測試題。主要內容有：智力測試、特定認知能力測試和個性測試等。

◆ 智力測試。包括記憶能力、詞彙能力、言語表達能力、數理能力、知覺能力等。

◆ 特定認知能力測試，又稱為能力傾向測試。包括普通常識、抽象推理、語言理解、數理能力和寫作能力等方面的測試。

◆ 個性測試。包括個體的氣質、態度、情緒、興趣和行為傾向等。甄選中，一般要求求職者自我陳述，然後測試其個性。

需要指出的是，心理測試必須慎重進行，必須由心理學專家主持和實施；心理測試工具的設計和標準化，特別是「常模」（反映眾多樣本共性的特徵值）指標，需要經過實踐檢驗而不斷地完善，才能確保心理測試有較好的可信度和有效度。

3. 身體測試

對求職者身體素養測試的主要形式是健康檢查，查看求職者是否存在影響所應徵工作的某種生理疾患。

三、大型活動機構人力資源的錄取

大型活動機構在這一階段的主要任務是對求職者個人資訊進行綜合分析與評價，確定每位進入此階段的求職者的素養與能力特點，比照既定的工作標準或人員錄取標準做出錄取決定。錄取決定應由參與甄選過程的主要管理人員共同做出。

（一）錄取的基本原則

大型活動機構人力資源錄取要遵循平等競爭、側重能力、動機優先和慎用過於優秀者等基本原則。

1. 平等競爭的原則

　　凡對經甄選合格的人員，不能因為其國籍、身分、性別、信仰、婚姻狀況等原因而在錄取上予以歧視，或讓其享受特權。同時，對合格人員應該採用競爭錄取和擇優錄取的方式。

2. 側重能力的原則

　　合格人選在其他條件相同或相似時，工作能力優先。即以往的工作經驗和工作績效應是決策時所看重的條件。

3. 動機優先的原則

　　研究顯示，個體的工作績效一般取決於個體的能力和積極性兩個因素。在合格人選的工作能力基本相同時，候選人希望獲得這一職位的動機強度，則是決策時所注重的又一個基本點。

4. 慎用過於優秀者的原則

　　在堅持平等競爭、擇優錄取原則的同時，還要謹慎錄取那些過分超過任職資格條件的求職者。換言之，人力資源錄取要堅持適才適位的原則。在雙向選擇、自願就業的條件下，條件過好的人力資源屈尊低就，除了個別人確實缺乏必要的資訊或確實願意從低位做起之外，許多人都有其「難言之隱」，僅把獲取目前的職位視作「權宜之計」。對於職缺單位而言，表面看來得到了一些好處，實際上卻掩藏了隱患。這些條件優越者，可能自視甚高，期望也很高。或者「大事做不來，小事不願做」，或者見異思遷，一旦要求得不到滿足而外界誘惑很大時，就會離職它就。

（二）人力資源錄取的決策過程

1. 召開招聘資訊研究會議

　　這種會議通常名為「人事評議委員會」，原則上要求承擔收集相關求職者資訊的所有人員都出席會議。與會人員透過討論，對每個求職者在每一目標維度的行為表現得出一致的評價意見；根據對每位求職者在各個目標維度的行為表現綜合評價，勾畫出每位求職者的總體狀況；將對每位求職者的綜合評價結果與特定的工作要求或錄取標準相比較，做出最後的錄取決策。

2. 編製出綜合評價表

　　為提高決策效率，可先設計一張評價表。表中羅列某一職位的所有目標維度，供參加不同甄選程度的評價員打分，然後在人事評價會上集中討論，得出綜合評分。

表 7-1 祕書工作求職者評價表

維度	打字模擬	人力資源部面試	部門主管面試	綜合評分
打字技術	4	0	3 −	4
注意細節的能力	0	2 +	2	2
主動性	0	3	2	2+
企劃性	0	3	0	3
公文回憶能力	0	3	0	3
獨立性	0	2	2	2
工作高標準	0	0	4	4
承受壓力的能力	0	4	2	2

評分等級說明：

5 分 —— 大大高於令人滿意的水準（大大超出圓滿完成工作必須達到的水準）；

4 分 —— 高於令人滿意的水準（超出所要求的行為標準）；

3 分 —— 令人滿意（符合所要求的行為標準）；

2 分 —— 稍低於令人滿意的水準（整體而言不符合所要求的行為標準）；

1 分 —— 大大低於令人滿意的水準（大大低於圓滿完成工作所必須達到的水準）；

0 分 —— 沒有機會讓求職者表現其在該方面的能力。

不同評價員會對同一求職者在某些維度的表現做出大不相同的評價，因此，要對各位評價員的評分進行討論和綜合。綜合評分不是平均分，而是經過討論依據最有力的行為事例所得出的評價。一旦對每位求職者的各目標維度都得出綜合評價，便可進行最後的比較分析，做出最後決定。

第三節　大型活動機構人力資源開發

現代大型活動機構的人力資源開發與培訓開發已經突破了傳統意義上的人力資源培訓工作，在此基礎上，還形成了員工導向工作。後者已經構成了大型活動機構人力資源評選的重要內容。

一、大型活動機構人力資源的導向工作

（一）大型活動機構員工導向概述

大型活動機構的員工導向，是指機構在新員工正式開始工作之前，為了降低甚至是消除他們可能面臨的緊張和壓力而設計的人力資源開發專案。員工導向在國內一般稱為職前教育或入職教育，用「導向」則更明確地表達出此類培訓的主要目的在於為員工指引方向，使之盡快完成員工的社會化過程。

大型活動機構開展員工導向工作的目的主要有：

1. 傳遞入職資訊

快速有效地向新員工提供其急切得到的與其工作和機構有關的各種資訊。新員工工作伊始，所接觸的一切都是全新的，面臨新環境，接觸新同事。既感到好奇又感到無奈；既想把工作做好，把關係處理好，又不知道該做什麼，從哪裡入手，怎樣才能做好。在這種情況下，他們的心中可能有許多問題需要了解，期待著機構給予快速有效的回答。

2. 介紹工作環境

　　減輕或消除進入新環境引發的緊張和壓力，使之盡快融入環境，進入「角色」。新員工在正式開始工作之前，對機構的形象、產品和服務以及將要承擔的職責、工作環境和薪資等條件已有所了解，但在開始工作之時，如不給予任何培訓指導，新員工仍會有一種茫然無措的感覺。他們必須經過「企業社會化」的過程，學習被機構認可和期望的工作態度、各種準則及相應的行為方式，形成正確的自我意識，使自己能融入於企業文化中。員工導向透過預先周密策劃的各項活動，一方面把新員工介紹到機構、部門和他們的工作夥伴中去，另一方面向他們提供如何成為機構合格一員相應的知識、技能和態度。

　　機構的每個員工實際上無時不在經歷這一過程，只不過在人們進入新環境、開始新工作時這一過程特別明顯。

3. 增強歸屬感

　　增進新員工對機構的了解，形成良好印象和歸屬感，減少離職率。員工進入新機構開始新工作最初階段的經歷也正如其早期經歷一樣，會對他們今後在機構中的工作表現產生極大的影響。研究顯示，工作的第一天對新員工最為重要，他們對這一天的記憶可達數年之久，新員工對於最初的 60 ～ 90 天的工作中形成的印象也較為深刻，他們希望及早了解機構的總體情況、本部門的具體情況和本職工作的資訊。在新員工剛進機構時對他們進行良好的導向培訓，一方面可以使他們較快地適應新的工作環境，加深對機構、本職工作的了解；另一方面又有助於員工及早形成對機構的歸屬感，這對於留住人才具有重要意義。

（二）員工的社會化過程

　　社會化又稱作「組織的社會化」或「懂規矩」。大型活動機構員工的社會化過程是指機構員工尤其是新員工適應企業文化的過程。企業文化就是企業全體成員共同遵守和接受的共有核心價值觀及其行為規範。

　　大型活動機構有效地社會化過程，可以達到這樣的效果：更快地提高員工的生產力並持久地保持這種較高的生產力；使新員工更快地掌握組織的重要核心價值觀並將之運用到工作中；可以培養新員工的責任感，提高其忠誠度，降低其流動率。迪士尼樂園的員工導向就頗具特色。所有進入迪士尼工作的員工必須接受迪士尼大學的培訓，只有在通過稱為「傳統課」的培訓之後，才可正式工作。「傳統課」培訓歷時一天，主要內容有迪士尼的哲學、傳統和文化。在迪士尼，員工被稱為「演員」，顧客被稱為「客人」，員工工作就像是在「舞臺」上表演。每位員工事先都了解所有的「劇情」、所擔當的角色對於演出成功的重要性，及其與「演出」的關係。每位員工除了了解自己的職位職責外，對其他情況也應有所知，以確保客人在迪士尼樂園享受到最大的樂趣。在員工導向工作中，迪士尼樂園非常強調「迪士尼」方式，要求員工能與迪士尼文化保持高度一致。這雖然在一定程度上不利於發揮員工的創造性，但總體來看，還是利大於弊。

　　值得注意的是，雖然員工「懂規矩」越快，會越快成為組織中有效和高效的員工，但是，對於一些員工來說，僅僅學會組織的價值觀和行為規範壓力就夠大的了，而過快地要求他們「懂規矩」，則會適得其反。除非給予他們必要的幫助和指導。

二、大型活動機構人力資源培訓

（一）職場外訓練

職場外訓練（Off the Job Training, Off-JT），就是指受訓人員離開自己在大型活動機構的工作職位，利用一段專門時間集中學習一門知識，或是掌握一項技能。大型活動機構往往在引進一項新技術，或是為了提高受訓人員的能力時，採用這種培訓方式，並由大型活動內外的專家和教師對大型活動內各類人員進行集中教育培訓。

1. 專題講座

這是常見的方法，一般在培訓對象人數較多時較為適用。它要求培訓者能有效地準備資料進行講授。在大型活動培訓中，可用來介紹大型活動的制度規範，開設一些普及型講座。須注意的是講演法往往是從教師到學員的單向資訊溝通，學員是被動地接受知識，參與性不夠。由於教師要面對大量學員，如果事先對學員情況不了解，很難使培訓有針對性。為了更好地採用此法，培訓教師事先要對學員總體情況有所掌握，講解時善用啟發式，並留出一些時間給學員提問題。這樣，就從單純的講演法變成講演－討論的形式，使學員有更多的參與，可以更好地理解與掌握相關知識、概念。講演－討論的形式對教師的要求也更高，不僅要求教師有此領域及相關領域的廣博知識，而且要善於控制住討論場面，尤其在人數較多時，做到這一點需要較豐富的教學經驗。

2. 情境模擬

這種方法可使培訓對象猶如身臨其境地分析、解決問題，通常用於對管理人員的培訓上。事先要精心設計，充分準備。常用的方法有：

（1）無領導小組討論。

主持者事先給予一主題，讓培訓對象自由展開討論，從中可觀察每個人不同的社交能力、領導能力及表達能力。在培訓中，還可借助於一些多媒體教學工具。在一些如演講技巧的培訓中，可先用手機將學員的演講拍攝下來，再讓學員觀看自己的演講過程，再進行回饋，效果要比講師直接告訴學員「你應該這樣做」好。

（2）AI 輔助教學。

隨著資訊技術的不斷進步，AI 輔助教學也日漸普遍。在這種教學中，培訓對象可直接與機器進行「人─機」對話，並根據自己的程度選擇相應的教學流程和內容，在課程結束後，還可以測試自己的掌握程度。另外「遠距教學」也蓬勃發展，運用網際網路進行培訓與教育活動。有些管理學院開設線上 MBA 課程教學，這種遠距教育非常方便，使人不出門便能接受到新的知識、資訊，雖學費昂貴，仍受到不少管理人員的歡迎。

3. 案例分析

要求教師向學員提供案例，引導學員討論，培養學員們分析問題、解決問題的能力，並將這種能力轉移到日常工作中去。這種方法往往會與討論法、角色扮演等方法結合運用，且常用於對中高級管理人員的培訓上。案例分析的討論發言可以是口頭的或書面的。教師可以從發言的針對性、邏輯性、清晰性和條理性以及相關知識的掌握深度、創新意識與獨立見解等幾方面給予評分，並回饋給學員。

4. 專題研討

一些研究機構、行業協會、諮詢機構和培訓機構經常會舉辦各種內容為期一天至一週的短期課堂討論或研討會。這些短期課堂討論或研討

會有較強的針對性，內容安排緊湊，集中較新的研究成果，使參加者在較短時間內得到大量新的資訊。多數經理與專業技術人員都有機會外出參加工作會議，如年會、各類展覽會、交易會、研討會、技術標準會等等。這也是他們學習的良好機會。

　　職場外訓練的員工由於能夠得到充足的時間，所以學習的效果是最好的。但由於受訓人員遠離工作崗位，不可能同時進行工作，對大型活動來說增大了成本。這種形式主要適用於那些中層管理人員，因為他們的知識需要大規模更新，而且存在著晉升空間。職場外訓練的實踐性、針對性相對在職訓練來說要弱一點。但是，職場外訓練的員工得到的知識、資訊往往更系統和更全面一點。

表 7-2 各種培訓方法效果綜合比較

培訓方法	獲取知識	改變態度	解決問題	社交技能	學員參與	知識保留
案例分析	2	4	1	1	2	2
專題研討	3	3	4	4	1	5
專題講座	9	8	9	9	8	8
業務遊戲	6	5	2	2	3	6
角色扮演	7	2	3	3	4	4
電影	4	6	7	6	5	7
流程指導	1	7	6	7	7	1
敏感訓練	8	1	5	1	6	3
電視講座	5	9	8	9	9	8

（二）在職訓練

　　在職訓練（On the Job Training, OJT）是指受訓人員不離開自己的工作崗位，利用業餘時間或節假日來參加學習。這種培訓方法的最大優點

是受訓人員的工作不會受到影響，甚至在他們接受培訓的過程中，也能隨時處理工作中的問題。參加這類培訓的人員多是高層經理人員。大型活動為了避免出現不必要的機會成本，一般不希望高層經理離開現有的職位。由於在職訓練的學習過程經常會被打斷，受訓人員無法集中精力於培訓課程，容易導致所學知識缺乏連貫性。所以，在職訓練的主要缺點是學習的效果不是太好。透過在職訓練，讓學員學得更多的技能，使其目前從事的工作水準更上一層，並有可能擴展工作職責。在職訓練中常見的方式有：

1. 工作指導

讓有經驗的員工作為新員工的指導老師，幫助新員工了解大型活動，為新員工提供各種建議。對於新員工來說，有些資訊不便於或不能從直接主管那裡得知，可向指導老師尋求幫助和解決。

2. 工作輪換

這主要指在組織內部，讓員工在相類似或稍高水準的職位上分別工作一段時間。輪換的時間可長可短。許多大型活動採用這種方法對新員工進行培訓，使其熟悉組織內部的運作功能和程序。也有一些大型活動為了讓員工能勝任更高職位的工作，在對其提拔之前，先讓其到不同部門在不同職位上進行工作輪換。有些跨國公司甚至會採用「跨國輪換」。

3. 員工發展會議

在這類會議上，討論每個員工的工作特點及其應如何提高個人工作績效。

4. 「助理」方式

這種培訓方式讓有潛力的員工在一段時間內擔任某職務的助理，讓其對這一職務有更多了解，同時也幫助他增加工作經驗與培養勝任這一職務的能力。

5. 解決問題會議

這類會議的目的是解決某一部門或大型活動面臨的某一問題。它包括運用「腦力激盪法」及其他創造性思維展開對問題的討論並提出解決方案。透過這類會議，可培養員工特別是管理人員分析大型活動內部問題和解決問題的能力，有很強的實踐性。

6. 特別任務

給某個員工或某一個有新員工的群體布置一項特別任務，要求其在規定時間內完成。這種特別任務可能是寫一份報告、做一份可行性分析報告、擬訂一項計畫或準備大型活動期刊等等。透過讓員工完成這些特別任務來鍛鍊和提高他們的某項技能。

第四節　大型活動機構人力資源薪酬管理

如前所述，大型活動機構人力資源的薪酬管理主要包括薪資結構和獎勵方案。這裡著重探討其中的獎勵方案，包括管理人員的獎勵方案和銷售人員的獎勵方案。

一、大型活動機構人力資源獎勵概述

（一）人力資源獎勵的本質

人力資源獎勵是大型活動機構報酬系統的重要組成部分，它是指大型活動機構對員工超額勞動、良好行為或所做貢獻支付的額外報酬，是對員工所有與大型活動機構目標有關的良好行為的一種肯定。其目的是為了積極引導員工的各種行為，鞏固和強化積極行為、抑制和削弱消極行為，使員工的個人行為和目標與大型活動機構期望的行為和大型活動機構目標趨於一致，從而為實現機構和個人的共同目標而努力工作。它的作用表現為：激勵員工進一步提高績效水準，降低勞動成本；吸引和維繫高品質員工，逐步引導和調整員工行為。

（二）人力資源獎勵的理論依據

企業獎勵理論主要包括內容獎勵理論和過程獎勵理論，內容獎勵理論主要是解決什麼因素能夠激勵員工努力工作，過程獎勵理論是解決怎麼樣去激勵員工努力工作。

1. 內容獎勵理論

內容獎勵理論主要包括馬斯洛的需要層次理論、赫茲伯格（Frederick Herzberg）的雙因素理論（Two-Factor Theory）和麥克利蘭（David McClelland）的成就動機理論（Achievement Motivation Theory）。

（1）需求層次理論。

馬斯洛的需求層次理論認為，人有著非常複雜的多種需求，並且按層次的形式出現。由低級向高級依次是：生理需求、安全需求、愛與歸屬需求、尊重需求和自我實現需求。

（2）雙因素理論。

赫茲伯格的雙因素理論主要包括保健因素和激勵因素兩個方面。它們內容不同，所產生的作用也不同。

（3）成就動機理論。

麥克利蘭的成就動機理論認為，人們一般都有成就需求、權力需求和關係需求三種動機。具體到大型活動機構裡，所有員工都可能有這三種需求的組合，大型活動機構依據員工對每一種需求的強烈程度可以預測出他們的績效。

2. 過程管理理論

目前使用得比較廣泛的過程管理理論主要有期望理論、公平理論、強化理論和目標設定理論。

（1）期望理論。

弗魯姆（Victor Vroom）的期望理論（Expectancy Theory）的基本假設或基本觀點是，人們在預期他們的行動將會有助於達到某個目標的情況下，才會被激勵起來去做某些事情以達到目標。主要內容如下：

◆ 期望是一種心理現象，當個體產生某種需求並形成一定動機時，會產生相應的行為，行為已經發生，但尚未達到目標，此時的心理狀態就是期望。

◆ 期望公式是，激勵效果（動力）＝效價 × 期望值。

（2）公平理論。

亞當斯（John Stacey Adams）的公平理論（Equity Theory）主要是研究薪酬分配的合理性和公平性對員工積極性的影響問題。

（3）強化理論。

史金納（Burrhus Frederic Skinner）的強化理論（Reinforcement Theory）的基本假設或基本觀點是，人們總是習慣於產生與過去相似情境下的反應一致的行為。據此可以推出，大型活動機構可以根據員工過去從事同樣工作所產生的結果預測出其目前和將來的行為。

（4）目標設定理論。

愛德溫（Edwin A. Locke）的目標設定理論（Goal-setting Theory）認為，管理人員要把對大型活動機構的績效目標與員工的報酬目標結合起來是有一定難度的。但如果管理人員與員工一起設定目標，在這個過程中是可以達到「雙贏」之目的。

二、人力資源獎勵方案

（一）管理人員獎勵方案

在西方，大多數大型活動機構都是採用年度獎金（annual bonus）的獎勵方式，這是一種與企業的盈利率相關聯、旨在激勵管理人員短期績效的獎勵方案。大型活動機構短期激勵方案要考慮三個因素：獎勵資格、

獎勵幅度和個人獎金。

　　確定獎勵資格有三種方法可供選擇：其一是依據關鍵職位，這可以透過職務之間的比較來決定。實際上，最簡單的方法就是主要從一線員工中選擇，因為他們的績效直接影響著大型活動機構的盈利狀況。其二是薪資水準的轉折點，當一些員工的薪資收入超過大型活動機構設置的某一臨界點時，就基本具備了接受短期獎勵的資格。其三是依據薪資等級，這是對第二種方法的調整，當一些員工的薪資等級達到或超過大型活動機構設置的某一等級時，就基本具備了接受短期獎勵的資格。

　　獎勵幅度即獎金總額的確定要依據大型活動機構的經營利潤，即按經營利潤的一定比例來確定大型活動機構的獎金總額。這裡又有順乘和倒扣兩種計算方法。實際上，最簡單的方法是使用經驗公式：一是把大型活動機構的淨收入扣除 5% 的資本投資之後餘額的 10% 作為獎金總額；二是把大型活動機構的淨收入超出股東權益的 6% 的部分的 12.5% 作為獎金總額；三是把大型活動機構的淨利潤扣除 6% 的淨資本之後餘額的 12% 作為獎金總額。在獎金總額確定下來之後，再依據一定比例分配給獎勵者。一般是根據獎勵者的底薪而定，即獎金額是獎勵者的底薪與某一比例相乘的結果。這個比例基本上是隨著薪資等級而遞增。假如某大型活動機構總經理的年度獎金是其底薪的 80%；部門經理可以得到其底薪 30% 的獎金；同樣，基層主管的獎金是其底薪的 15%。幅度大一些的可以是 10% ～ 80%，小一些的則是 12% ～ 45%。當然，在實施的過程中，要依據獎金總額進行適當的調整。一般是先確定基準的獎金額，然後做出測算，最後再進行調整。

　　在確定個人獎金時，可能會面臨一個如何確定管理人員獎勵依據的問題：是依據個人績效，還是依據大型活動機構的績效。比較理想的方

式是把兩者結合起來，換言之，就是要把管理人員的獎金分為兩部分即採用分離獎勵方法（split-award method）。根據這種方法，管理人員的獎金一部分是基於個人績效，一部分是基於大型活動機構績效。例如：大型活動機構的某一個管理人員如果純粹依據個人績效一年可以得到 5 萬元的獎金，但考慮到大型活動機構的績效，他（她）實際只能得到 4 萬元的獎金，另外還可以得到依據大型活動機構績效的獎金部分。即使是大型活動機構在該年度沒有任何盈利，該管理人員照樣還能得到依據個人績效的 4 萬元獎金。

當然，這種做法也有缺陷，那就是大型活動機構支付給管理人員的獎金太多了。這對那些個人績效平平的管理人員來說尤為突出。對這種方法進行改進就是把原有評獎方法中的加法改為乘法。原來的方法是根據兩部分的各自評分得出各自的獎金，然後相加在一起。這樣即使一部分得分很低，絲毫不影響另外一部分的得分和獎金。改進之後，就要把兩部分的評分相乘，如果其中一部分得分較低，就必然影響到另外一部分。假如大型活動機構績效部分很高，可個人績效部分得分很低，那麼，最後得分和獎金也不會很高。當然，有一點是應該肯定的，就是不管採取什麼方法，那些個人績效好的管理人員的最終獎金一定要超過所有管理人員的平均水準。反過來，那些個人績效差的管理人員的最終獎金一定要低於所有管理人員的平均水準。

（二）大型活動機構銷售人員獎勵方案

1. 薪資方案

這個方案的特點是，機構主要向銷售人員支付固定薪資，偶爾也發放一些獎金。這個方案適應於那些銷售目標主要是開拓市場、需要對分

銷商培訓或者是參加全國性或地區性的展銷會的機構。這樣做的好處是，銷售人員事先知道自己的收入，管理人員也了解銷售費用，銷售人員的工作比較容易控制；機構在開拓不同地區的市場時，可以很容易地調動銷售人員的工作；能夠培養銷售人員對機構的忠誠，機構可以激勵他們開拓長期市場、培養長期客戶。其缺陷是，銷售人員的報酬不與銷售業績掛鉤，很難激勵那些潛力大、績效高的員工。

2. 佣金方案

　　這個方案的特點是，機構完全依據銷售人員的銷售業績按約定的比例向銷售人員支付佣金。這樣做的好處是，由於銷售人員的收入直接與其業績掛鉤，因而會受到最大限度的激勵，也能夠吸引高績效的員工；由於銷售費用是按銷售額分攤的，因而能激勵銷售人員努力降低成本；銷售人員的佣金很容易測算和評定，也很容易為他們所理解。其缺陷是，由於銷售人員只注重銷售業績的成長，喜歡「挑肥揀瘦」（只做那些銷售額大的「肥客戶」，而不願做那些銷售額小的「瘦客戶」），這就給管理人員分配銷售任務帶來了一定的難度，稍有疏忽就會給銷售人員造成不公平的感覺；容易使銷售人員產生短期行為，忽略那些潛力很大的市場，不願培養長期的忠誠客戶；還容易使銷售人員忽略銷售過程中的一些基礎工作，不利於機構由交易行銷向關係行銷的轉變；受市場狀況和銷售季節波動的影響很大，銷售人員收入的波動性也很大，旺季很高，淡季很低。

3. 混合方案

　　在比較了上述兩個方案的基礎上，現在大多數大型活動機構基本上都接受了把兩者結合起來的混合方案即「底薪＋佣金」。問題的關鍵是如

何確定兩者的比例，這裡有三組國際上的經驗數據可供大型活動機構參考：一是 80% 的薪資，20% 的佣金；二是 70% 比 30%，三是 60% 比 40%。

混合方案試圖吸納上述兩個方案的長處：既發揮銷售人員的工作積極性和創造性，又不致於失去控制；既能夠激勵他們提高目前的銷售業績，又能夠激勵他們不斷開拓長期市場、培養長期客戶；既能夠激勵他們提高銷售額，又能夠激勵他們努力降低成本；既能夠吸引高績效的員工，又能夠培養現職銷售人員對機構的忠誠。總之，能夠兼顧機構的眼前利益和長遠利益或交易行銷和關係行銷。同時，力圖迴避各自的缺陷。

然而，如果處理不當，不僅不能獲取兩者的長處，而且還可能暴露了它們的缺陷。尤其是這個方案的各種變形方案把問題弄得非常複雜，使得銷售人員難以理解，甚至會產生誤解。例如：「佣金＋預提」方案就是一種以佣金為主的獎勵方案。在這個方案中，大型活動機構並不是把銷售人員旺季超額完成任務應該得到的所有佣金都一次性發放給員工，而是分成兩部分。大型活動機構先拿出一部分作為佣金直接發放給員工，預提剩餘部分留待淡季時作為銷售人員的補貼。這種方案從大型活動機構管理人員的角度來說可謂用心良苦，但實際上銷售人員並不領情。

與此相類似的另一個方案是「佣金＋獎金」方案。這也是一種以佣金為主的獎勵方案。在這個方案中，大型活動機構也是把銷售人員應該得到的所有佣金分為兩部分。一部分作為佣金直接發放給員工，剩餘部分作為用來控制銷售人員銷售活動如銷售難銷或滯銷商品的獎金。如果大型活動機構為銷售人員設計第一個方案還算得上是用心良苦的話，提出這個方案

就有點動機不純了。其後果也就可想而知了。因此，要對混合方案有一個正確而全面的理解，要端正設計方案的出發點。加強對銷售人員的控制是絕對必要的，但不要以此威脅、要挾甚至是整治銷售人員，而要透過獎勵方案的設計激勵他們的積極性。更不要好心辦壞事，而要好心辦好事。

目前大型活動機構業普遍流行的做法是把兩者系統地結合起來，至於兩者之間的比例則依據各個大型活動機構的具體情況而定。下面提供一個大型活動機構的獎勵方案實例。該方案分為三個等級：第一個等級是，如果銷售人員一個月的銷售額達到 10 萬元，那麼其收入就是「底薪＋ 7% 的銷售利潤＋ 0.5%的銷售額」；第二個等級是，銷售額在 10 萬～15 萬元之間，其收入就是「底薪＋ 9%的銷售利潤＋ 0.5% 的銷售額」；第三個等級是，銷售額超過 15 萬元，其收入就是「底薪＋ 10% 的銷售利潤＋ 0.5% 的銷售額」。在這個方案的所有等級中，銷售人員的底薪是每兩週發放一次，銷售利潤和銷售額的提成是每一個月發放一次。除此之外，大型活動機構當然還可以提供其他獎勵專案，比如年度成就獎、「銷售冠軍俱樂部」和「總裁（總經理）盃」（President's Cup），以此來獎勵那些常年或連續幾年在銷售方面做出傑出貢獻的銷售人員。

三、大型活動機構有效實施獎勵方案

（一）實施獎勵方案需要注意的問題

大型活動機構在實施獎勵方案時要注意以下幾個方面的問題：要確保員工的努力與其獎勵是直接相關的；要讓員工真正理解獎勵方案並且能夠計算出來；要制定有效的考核標準和獎勵標準；員工績效的改善要留有餘地，要保證員工的基本薪資；要保持獎勵方案的穩定性和嚴肅性，

能夠得到員工的支持；獎勵方案要在質和量兩方面滿足員工正當、合理的需求；要兼顧個人與集體、短期與長期獎勵之間的平衡與協調。

（二）獎勵形式的選擇

　　大型活動機構採取實物獎勵的形式要比現金形式具有更豐富、更深入和更持久的激勵效果。機構發放給員工的現金獎勵很容易就被花光，其激勵作用就不如物品獎勵豐富、深入和持久，員工似乎感覺不到獎勵與其績效之間的連繫。但是現金也有實物獎勵所不具備的優點，利用所得的現金，員工可以自由地購買他們所需要的或所想要的任何商品或服務。這對那些難以維持基本生活開支的員工特別有吸引力。總之，大型活動機構在決定採取何種激勵的時候，一定要充分考慮獎勵方案的目標和員工的需求。

◆專業詞彙

　　人力資源管理；人力資源開發；人力資源甄選；自由職業者；實習生；義工團隊；正式組織；非正式組織；員工導向；分離獎勵方法

◆思考與練習

- ◆ 大型活動人力資源管理應堅持哪些基本原則？
- ◆ 試述大型活動人力資源管理的流程和職責。
- ◆ 大型活動人力資源的構成有何特點？試述其特殊構成成員。
- ◆ 簡述大型活動機構人力資源的招聘管道。
- ◆ 簡述大型活動機構對求職者面試的方式和流程。
- ◆ 大型活動人力資源獎勵的主要理論依據是什麼？
- ◆ 大型活動機構對銷售人員進行獎勵有哪些常見方案？

第 8 章
大型活動職業規劃與管理

◆本章導讀

　　無論大型活動實體機構還是大型活動臨時機構，無論參與大型活動的自由職業者還是義工，都主動或被動地面臨著職業規劃與管理問題。透過本章學習，應了解大型活動職業規劃的特點和力求解決的主要問題，並能夠合理運用規劃手段設計理想的職業發展環境，維繫穩固的職業關係，建立協調而高效的職業團隊。

　　成功的大型活動如同一首交響曲，不同的樂章有機和諧、交響共鳴，給予人愉悅之感。任何一位指揮家都會告訴我們，樂隊裡的成員和他們所演奏的樂曲是同等重要的。與飯店、景點等其他旅遊企業不同，大型活動機構更多地依靠專業經驗和組織能力等軟體資源進行商業經營活動。許多機構只是維持少量職業經理人和活動協調員等專職員工，當實施具體大型活動專案時再僱用兼職臨時工、自由職業者、實習生和義工組成專案團隊，來幫助機構開發、管理、執行大型活動專案。大型活動消費者主要透過那些代表公司形象的職業管理者和協調員的表現來衡量該機構的組織能力和競爭能力。因此，大型活動在更大程度上取決於大型活動機構團隊成員的職業素養。

第一節　大型活動職業規劃

■ 一、大型活動職業團隊規劃

　　在大型活動專案中參與合作工作就像生活在透明的金魚缸裡一樣，一旦團隊任何成員出現失誤，那麼大型活動的觀眾、參與者和贊助商很快就會知道。為了在當年的大型活動企劃專案中表現得比上一年更出色，而所產生的壓力有時會超過追求物質報酬所帶來的壓力。在機構中，圍繞專案任務建立和營造一種團隊合作的組織結構和與其相適應的工作環境，就要建立起一個大型活動職業團隊。在這個職業團隊裡成員們榮辱與共，這不僅有助於透過合作取得大型活動機構經營發展和專案組織上的成功，更有利於團隊中每個成員今後的職業發展。

（一）職業團隊發展規劃

1. 形成階段

　　大型活動職業人員圍繞共同專案目標形成相對穩定的團隊之初，一方面團隊成員急於認識其他成員，開始工作，表現自我，團隊也期望在業主面前樹立良好形象；另一方面，團隊及其成員對團隊目的以及對成員的期望缺乏系統了解。因此，團隊及其成員會在一定程度上表現出激動、希望、懷疑、焦急和憂鬱等情緒特徵。

2. 震盪階段

這一階段有騷動和爭吵，矛盾不斷出現，衝突在所難免。在這一階段，企業目標和專案目標更加明確，成員著手執行任務，開始緩慢地推進工作；越來越不滿意專案經理的硬性指導或命令，而是希望了解自己的控制程度和權力大小；開始懷疑團隊規程的實用性和必要性，利用一些基本原則考驗經理的缺點和靈活性；衝突產生，氣氛緊張，士氣低落。成員表現出受挫、憤懣、懷疑、牴觸甚至是對立的情緒。

3. 規範階段

這是團隊相對穩定的時期，也是社會化完成的階段。在這一階段，成員開始接受團隊及其他成員，相互關係已經確立，開始相互信任，大多數矛盾基本得到解決；團隊向心力和凝聚力開始形成，專案章程得以改進和規範化，並且建立起解決衝突、制定決策和完成任務的常規。

4. 成就階段

這是收穫的階段，團隊積極工作，急於實現目標，工作績效很高；團隊能感受到高度授權能夠及時發現問題和解決問題；團隊能開放、坦誠、及時地進行溝通；團隊有集體感和榮譽感，信心十足；團隊經常以個人或臨時小組等更加靈活的形式進行合作，相互依賴度高。

5. 解體階段

在大型活動管理中，某一具體大型活動專案完成，則圍繞該專案任務而形成的特定團隊（如大型活動組委會）隨之自然解散。這一情況在大型活動管理中經常出現，這是因為無論定期還是不定期大型活動其本身都具有時效性特徵。但是，同一機構所承辦的不同活動專案往往是由

相對固定的核心成員所構成的同一團隊來實施，因此大型活動專案團隊的解散並不意味著團隊的永久消失。

（二）群體到團隊的轉變

1. 不同階段的規劃工作重點

在第一階段，主要規劃工作是明確團隊方向，指導和構建團隊，建立規範和確定角色，努力做好開局工作，迅速、簡潔、清晰地回答團隊成員最為關心的問題。

在第二階段，主要工作是對成員的工作繼續進行必要的指導，更新或從外部獲取資訊；透過外部的要求，調整內部關係，轉移對內部矛盾的關注，做好團隊成員不滿情緒和相互之間矛盾關係的疏導工作。

在第三階段，團隊領導者要盡量減少指導性工作，給予團隊成員更多的支持；團隊的決策和控制權由團隊逐步移交給團隊成員，工作進度加快；隨著團隊成員績效的提高，團隊領導者要對團隊成員的進步予以獎賞。

在第四階段，團隊領導者要善於授權，做好團隊成員的培養工作，幫助他們獲得職業上的成長和發展；要幫助團隊成員執行計畫，並對其工作進程和成績給予表揚；要集中精力解決預算和進度等方面的問題，給予必要的支持和幫助。

在第五階段，團隊領導者需要對成員合作工作和努力的成果進行總體評價，有時需要為成員提供書面的評價和職業推薦證明；更重要的是為成員提供今後繼續合作的機會，以及為繼續合作提供職業方面的知識更新指導；保持成員個人之間的經常性溝通和往來。

2. 領導方式的轉變

　　團隊的成功取決團隊成員的集體合作，而集體合作必須透過科學合理的領導使成員圍繞共同目標而協調努力。隨著團隊的不斷成熟，團隊領導方式應當由機械、被動的監督式逐步轉變為靈活、主動的參與式和團隊式（見表 8-1）。

表 8-1 團隊領導方式與特徵

許可	來源
賓果	博彩部門
彩券	
食品加工	衛生部門
用地	消防部門
停車場	交通部門
占用街道	
公園使用	公園部門
公共集會	公共安全部門
煙火	消防部門
銷售稅	稅收部門

3. 團隊失敗的原因

　　在團隊發展規劃上，要注意以下導致團隊失敗的常見原因，採取有效措施消除影響團隊發展的制約因素，增強團隊的生命力和凝聚力。這些導致團隊失敗的常見原因包括：

- 團隊的目標不明確，角色和責任不明確，團隊的結構不健全；
- 團隊成員缺乏必要的培訓和支持，成員之間缺乏溝通；

◆ 團隊領導工作不力，缺乏有效的授權，缺乏協調和激勵技能；
◆ 團隊成員缺乏責任感，忠誠度低，流動頻繁，出現不良行為。

（三）職業團隊組織規劃

「團隊組織在科學管理時代，已漸成為所有人類組織的基本構成單位，人類組織將全部透過團隊組織來運作，因此團隊組織的管理已成為組織管理的重心。」組織變革、組織扁平化、組織再造等組織管理新趨勢和新觀念都指向以團隊組織作為基本的組織單位。在傳統企業組織結構中，團隊組織主要是輔助傳統的泰勒制（Frederick Winslow Taylor）組織設計，於是在金字塔型的部門分工的機械式組織裡，委員會或專案小組等團隊組織的主要工作是應付非例行的決策或任務。但隨著環境的改變，競爭壓力的全球化，組織的精簡化，在各大企業經歷各種組織改組後，各種團隊組織得到空前強化，而泰勒制的機械式組織大大弱化。

為建立一支有效率的職業團隊，機構經理或活動專案經理首先要為大型活動的籌備工作選拔合適的職業人才。然後，要充當一個嚴屬的教練和一個熱情的啦啦隊長。提供具有決策性的確切指導，以便每一成員都能夠理解公司或專案的目標，保持高昂的士氣，用榜樣的力量領導成員。積極的、有趣的工作氛圍取決於教練或啦啦隊長的音調。

為你的機構、組委會和專業委員會建立一個組織。這一組織清楚地指明權力線和每一成員的職責範圍，避免一個成員向多個主管匯報工作，以組織章程或書面的形式提供這種資訊。你也可以透過制定規範或流程來為你的組織添加機構，你可以在這種政策或程序中列舉你對成員的期望及績效獎勵，這也可以使你免遭那些由於某種原因被你解僱的員工的起訴。你也可以製作一份數位員工手冊，這既省時間又省錢。

　　定期與你的團隊成員就工作績效，在有規律的基礎上進行正式評估，至少是年度性的。如果他們沒有提高的跡象，採取必要的措施將他們重新安置，以防止他們的態度或表現影響到其他成員。

　　透過傾聽進行領導。必要的話，鼓勵你的成員向你表達或傳遞問題、焦慮、建議或評論，盡可能地用行動證明你的反應。做一名好的聽眾是十分必要的，但如果你的成員沒有感覺到你是站在他們的立場上辦事的話，他們便會停止傾訴。你應當把新老成員的建議看得同等重要，並用便利貼的形式對那些有建設性的建議予以認同，在其他員工面前提出口頭表揚。

　　在成功舉辦一項大型活動之後，拿出一定的時間和金錢為你的團隊舉辦一個慶功晚會。邀請包括專職員工、自由職業者、兼職臨時工、義工、外包人員和供應商在內的每一位活動參與者來為出色的工作而慶祝。如果你能讓他們感到為你的活動專案工作充滿了樂趣，並且對於他們來說這是一段重要的經歷的話，那麼你的團隊成員會為你工作更長時間，自由職業者和義工也會再一次加入到你的團隊之中。在專案完成一週後，召集主要團隊成員進行事後討論，分析成功經驗，找出不足之處，為未來的事件提出新對策。

（四）團隊成員問題與矛盾的處理

1. 成員性問題與矛盾的處理

　　如果你已經建立起一個出色的職業團隊，那麼你幾乎不會招募到一個「問題成員」。但是對於大多數大型活動團隊來說，成員問題確實是他們每天不得不面對的現實。假如，出於任何原因，團隊領導發現其成員並不適合扮演其成員應當扮演的角色，那麼你必須快速反應，果斷決

策。如果這種現象發生在成員被吸收後的幾天或幾週之內出現，你可以私下約見他，重新向他們表達你對他們工作的期望，告訴他們哪些地方有待改進，確定一個你希望看到結果的時間表。在此期間，給員工以肯定或是否定的回饋，告訴他們其方向是否正確。站在員工的角度上，你應當看到矯枉過正的緊迫性。而且，在多數情況下你是能夠看到的。如果你看不到其承諾中所做出的改善或在時間表的後期還看不到任何結果，那你應該決定終止與該成員的合約。

在有些情況下，你需要花費很多時間證明這個成員不適合這份工作。這一點對於那些沒能完成任務的銷售人員和不能提供客戶所需品質的服務的活動協調員來說更是如此。如果你感覺到你的專職員工已經不能滿足活動組織的需要，你應當把他們安排到次重要的位置上，然後，你或者可以在活動小組成員間把職責劃分開來，或者保留一名自由職業者或外包人員來幫你完成這項任務。你應當找個時間向成員解釋你這麼做的原因，告訴他們你期望他們以最高的職業化程度和工作品質履行改動後的職責，向專案團隊證明他們的價值。一旦你通知成員他們的試用期開始了，那麼這位有問題的成員或者辭職，或者努力改善業績。如果他們辭職，那麼你不僅節省了資金，也省去了用於觀察他們業績改善與否的時間。

2. 非成員性問題與矛盾的處理

在組建團隊期間，你應當做大量的排除「問題成員」的工作，這可以使你確認你的成員的問題並不是來自於「問題成員」。在你創建專案團隊期間你作為經理所面臨的問題可能會成倍成長。忙碌的大型活動職業經理必須花一定的時間在團隊成員中建立一種強而有力的積極向上的關係，但是任何一名管理者都能夠證明，個性和理解力的矛盾時時刻刻存

在。這個問題的第一個信號通常是微妙的，並且由於他們不是以公然地影響工作業績的形式開始的，所以你可能在他們開始發展很長時間以後才開始意識到這一問題。

當你把問題呈現給你的成員的時候，你首先需要問的問題是，是否這些問題來自於溝通不力或領導不善。你可以透過約見成員並鼓勵他們對工作中遇到的、可能影響到工作績效的問題來確認這不是真正的原因。你可能會發現他們不良的工作績效可能源自於不佳的同事關係、拙劣指導下的洞察力或交流不當所產生的混亂及挫敗感。鼓勵他們坦率地說出這種挫敗感，然後努力促進良好的團隊績效，促進有效的溝通。這說明你已經承擔了作為一名優秀職業管理者的職責，沒有將你的過失接受或分配下去。你應當向成員解釋，你的目標是建立與每一位成員的良好合作關係，這其中最重要的是他們對你的溝通和你對他們的溝通是一樣的。同時指出，如果他們自身的挫敗感影響了他們對你的期望績效的表現，那麼他們有責任在影響發生之前將他們的觀點和看法告訴你。

成員無法令人滿意的表現還來自於其他方面，包括物質報酬、職業發展、事業晉升及職位職責的成長速度。如果你的成員由於績效方面的原因沒有獲得成長，而你也沒有對這一問題進行處理的話，那麼現在是澄清這一問題的最佳時機。多數情況下，機構經濟方面的原因會使那些有雄心壯志的大型活動職業人員的進步受阻。在這種情況下，誠實是最好的政策。在你對成員進行評價的時候，把你的夢想與機構的期望告訴他們，向他們描述其參與到實現這些夢想的遠景規劃。

需要指出的是，在你評價一名成員績效時有幾種情形不應考慮。你應當尊重他們受法律保護的言論自由權。機構在評價成員時不能以他們對於性騷擾、種族歧視等的抱怨，或對機構、團隊行為的合法性質疑為

根據；機構也不能因為成員提出關於工作安全與健康等方面的申訴，或出於對其自身及他人安全考慮拒絕接受管理者的指揮而解僱他們。

如果成員不能履行僱傭契約規定，無論這是否出於他們自身的原因，你都要從他們的表現和你對未來的期望上找出令你不滿意的原因。有些時候，無論你對他們進行任何報償、幫助和鼓勵，他們都無法滿足你的期望，你也無法滿足他們的期望。有時，採取一些極端行動是很困難的。這個時候，唯一的辦法便是終止你與他們的僱傭合約。

第二節　大型活動職業關係規劃

一、大型活動職業人員流動分析

　　員工流動是指在企業出現職位空缺時，企業招聘、錄取和培訓新員工來接替空缺職位的循環過程。不管職位空缺是主動的還是被動的，只要接替環節發生都應該視作是員工流動。由於目前大型活動業已經出現了人力資源短缺的情況，特別是職業經理人和職業協調員的嚴重匱乏，並且在未來相當長的時間裡都會出現類似的情況，所以，大型活動機構職業人員流動的問題應該引起大型活動機構各級管理人員尤其是高層管理人員的高度重視。

（一）職業人員流動率的測算

　　一般來說，任何一個員工群體在任何一個時間區間的流動率都可以透過員工流動率公式來進行計算和預測。適用於大型活動機構的職業人員流動率測算方法主要有兩種，即簡單法和修正法。

1. 簡單法

　　使用簡單法來測算某一時期職業人員流動率的常用公式是：

某期職業人員流動率＝該期職業人員離職數／該期平均職業人員數
×100%

上述公式中的平均職業人員人數的計算，最簡單的方法是將期初職業人員數與期末職業人員數相加除以 2，也就是簡單平均法。

大型活動機構運用這種方法計算職業人員流動率，雖然簡便易行，但不夠嚴密和準確，沒有把職業人員離職的實際情況考慮進去。根據大型活動業的實際情況，經修正可得出一種比較複雜的修正法。

2. 修正法

修正法，顧名思義，就是把職業人員離職的實際情況考慮進去，把職業人員流動的情況根據大型活動的現實需要和未來發展，分為所期望的職業人員流動和非期望的職業人員流動兩種，然後再運用職業人員流動率公式加以計算。這時的職業人員流動率計算公式修正為：

某期職業人員流動率＝（該期離職職業人員總數－該期所期望的離職職業人員數）／該期平均職業人員數 ×100%

這裡，所期望的職業人員流動是指不受歡迎的職業人員的離職情況，非期望的職業人員流動是指受歡迎的員工的流失情況。在實際工作中使用流動率公式計算職業人員流動率的時候，首先要算出某一時期職業人員流動的人數，這時，就要拿該期職業人員離職的總人數減去所期望的流動人數即不受歡迎的職業人員的離職人數，然後再帶入公式進行計算。實際上，結果得出的比率是某期（一年或一月）受歡迎職業人員的流動率或非期望的職業人員流動率。他們可以以此來「合理」地解釋職業人員的流動情況：從數量上來看，比率降低了；從性質上來看，流動出去的都是不受歡迎的人員。實際上是為自己經營管理不當，尤其是人力資源管理不當找藉口：「我們只是失去了我們並不想要的員工。」但

現實畢竟是現實，問題會依然存在，是很難人為地掩蓋得了的。「掩耳盜鈴」的結果只會是「自欺欺人」。

（二）大型活動職業人員流動的代價

職業人員流動給大型活動機構所造成的損失或職業人員流動成本有兩種分類和評估方法。

1. 形式成本分類和評估法

第一種方法是把職業人員流動成本分為有形成本和無形成本，換言之，職業人員流動成本包括有形成本和無形成本兩部分。從給大型活動機構造成損失的角度來看就是直接損失和間接損失。有形成本或直接損失是指那些由於更換職業人員而使機構直接蒙受的損失，它包括更換制服和發布廣告等費用。無形成本或間接損失是指那些與機構直接支付的費用沒有直接關係的損失，這包括管理時間的損失、員工時間的損失和生產效率的損失。

一名職業人員流動之後，大型活動的管理人員必須立即找到能夠馬上或很快接替該職業人員專業工作的新員工。如果能夠在大型活動機構內部找到，當然再好不過。但問題是，隨著勞動力成本的不斷攀升，很少或幾乎沒有一個大型活動機構會耗費成本儲備多餘的職業人員，對於職業經理人更是如此。比較常見的情況是「一個蘿蔔一個坑」，這就需要大型活動機構到外部去尋找。隨之而來的就會有廣告製作，廣告發布、招聘、甄選、錄取、導向、社會化、培訓等一系列具體工作要做，大型活動各級各類管理人員從事這些工作所耗費的時間就是管理時間。同樣，對於繼續在原單位的職業人員來說，也需要花費一定的時間去接觸、理解、接納和適應新來的職業人員。至於造成的生產效率的損失是

顯而易見的。在大型活動機構沒有找到或沒有培訓出一個完全能夠替代離職的職業人員之前，他（她）原先所承擔的專業工作都要由其他職業人員全部或部分地分擔，這樣做既加重了這些職業人員的工作負擔，也妨礙了生產效率的提高。畢竟這些職業人員的工作原本就已經很負擔了，或不熟悉該專業，但這也是無奈之舉。

2. 用途成本分類和評估法

職業人員流動成本的另一種分類和計算方法是根據該成本的實際用途來分類和評估的，主要分為離職成本、接替成本和培訓成本。

◆離職成本

離職成本是由於現職職業人員的離職而直接導致的損失或帶來的成本，它包括大型活動機構支付給離職職業人員的離職薪資和失業救濟金，以及主持離職面談、保存離職檔案、從薪資冊中除名、終止職位津貼等事務所發生的費用。

◆接替成本

接替成本是指在某個職業人員離職後，機構為了盡快填補空缺該職位所發生的與招聘、甄選和錄取新職業人員有關的費用或成本，具體包括招聘環節發布廣告的費用和管理人員、員工耗費的時間，甄選環節進行錄取前審查、面試和測試所發生的費用，錄取環節召開討論申請者情況會議所發生的費用、申請者的差旅費、部分申請者的搬家費和體檢費等。

◆培訓成本

培訓成本是指機構為了促使職業人員盡快上手、適應工作環境而支付的用於職業人員導向和培訓的相關費用，具體包括做好職業人員導向

工作、為新職業人員準備和影印的文件資料、準備和製作培訓材料、指導新職業人員使用設備所發生的費用，以及由此而導致生產力水準降低所產生的費用。其中職業人員離職後，新職業人員根本沒有或沒有完全接替其工作之前所造成的生產力水準降低是職業人員流動成本中最高的有形成本之一。實際上，這也是職業人員導向和培訓的機會成本。

　　職業人員流動給大型活動機構所造成的損失除了前面分析的之外，較高的職業人員流動率還會給大型活動機構造成貨幣損失和一些不良影響。有些職業人員比如銷售、預訂、工程等部門的職業人員通常手頭都有一定的給予客戶折扣和付款方式的權力，在其決定離職但還未離開的一段時間裡，總會有意無意地強調客觀理由，無原則地給予客戶不必要的價格優惠，或拖延一些應收款。所有這些都會給大型活動機構帶來貨幣損失。較高的職業人員流動率給大型活動機構造成的影響是多方面的。

◆在服務品質方面

　　為了應付職業人員頻繁流動形成的被動局面，大型活動機構總是急於招聘新的職業人員來填補空缺職位，有時沒有經過的培訓就倉促上任，這就給穩定和提高服務品質留下了隱患。新老員工之間彼此都不適應，新的職業人員提供的服務往往符合本機構的特定規範，這就造成了大型活動機構整個服務品質的不穩定。

◆在人力資源管理方面

　　其他職業人員可能會懷疑管理人員的工作能力和管理效率，從而出現普遍性的信任危機。這種局面可能會導致甚至會加劇高素養職業人員的流失和短缺。如前所述，職業人員流動分為所期望的流動和非期望的

流動，高素養職業人員的流動即為非期望的流動。但是，在整個大型活動機構人心浮動的情況下，職業人員流動泥沙俱下，魚龍混雜，高素養職業人員的流失也就在所難免。高素養職業人員的流失不再是大型活動機構期望不期望的問題，而是隨波逐流、大勢所迫。

◆在市場銷售方面

高流動率可能會導致大型活動銷售量下降和市場拓展停滯的問題。上述情況的出現將在一定程度上損害大型活動機構和大型活動專案的市場形象，加之市場銷售人員的流失，都會影響到大型活動的市場銷售。

上述問題的發生，迫使大型活動各級管理人員必須扮演「消防隊員」的角色，一直在忙著「救火」。這樣窮於應付、疲於奔命，一方面耗費大量的管理時間，降低了管理效率，另一方面還有可能產生更為嚴重的問題，即陷入「流動率較高－服務品質不穩－相互不信任－大型活動形象差－銷售量下降－總收入減少－人員薪資降低－高素養職業人員流失」的惡性循環。

除此之外，一些專家還對職業人員流動的問題做了進一步的探討。大多數分析家認為，大型活動行業高流動率的出現預示了大型活動在整個管理上出現了比較嚴重的問題。這個觀點可能會嚴重地傷害一些大型活動管理人員的自信心和自尊心，一時很難為他們所接受。進一步的研究發現，非期望的職業人員流動還會影響到大型活動管理人員的職業發展。因為這類流動會導致大型活動利潤的減少，從而影響了大型活動產業的發展。而一旦大型活動產業的擴張受阻，其管理人員的發展機遇就會隨之減少。因此，不管是出於大型活動產業發展的考慮還是管理人員職業生涯發展的考慮，大型活動機構都要高度重視和認真解決職業人員的流動問題，尤其是非期望的職業人員流動問題。

（三）職業人員流動的原因

　　研究人員在對 1,500 起職業人員流動案例的研究後發現，並非其他行業所有的員工流動原因都適用於大型活動業。有些在其他行業認為是極為重要的原因，對大型活動業來說根本不是一個問題，例如員工排班制度包括排夜班、沒有規律的上班時間，在其他行業裡非常不受歡迎，從而被認為是員工流動的一個主要原因。可是在大型活動業裡，卻被從業人員認為是其職業具有吸引力的一個要點。另一方面，其他行業認為對員工流動率影響很小的因素，比如失業和新的工作機遇等外部因素，卻對大型活動業產生了重大影響。正如許多大型活動管理人員所了解的那樣，在大型活動行業來講，正是新的競爭者的進入而把業內的大量職業人員吸引走。鑑於上述分析，我們可以歸納出導致大型活動業職業人員流動的獨特原因。

1. 督導方式欠佳

　　在大型活動行業，職業管理人員和協調人員都認為督導方式不合理是導致職業人員流動的首要原因。大多數職業人員之所以離職，主要是因為他們對大型活動機構，尤其是中層管理者的督導方式不滿。或者是對職業人員疏於督導，使之在面臨新問題的時候不知所措；或者是過於嚴密的督導，缺乏有效的授權，使職業人員難以施展才華。管理思想史上的霍桑實驗（Hawthorne Studies）已經證明，雖然企業有良好的福利設施、合理的激勵措施和健全的福利保障制度，但員工的工作效率依然不高，其中的主要原因就在於員工對企業的督導方式不滿。實驗期間，一旦改善了督導方式，儘管上述條件沒有改善甚至是有所倒退，但員工的工作效率卻得到了極大的提高。同樣，對於大型活動行業來說，改善督導方式是降低職業人員流動率的主要途徑。

2. 缺乏有效溝通

缺乏有效溝通是大型活動行業導致職業人員流動的第二個重要原因，這包括管理者與協調員、協調員彼此之間兩方面的溝通問題。其中，前者之間的無效溝通是導致職業人員流動的主要原因。前者之間的溝通與督導方式有關。後者之間的溝通與人際關係有關。在大型活動機構裡，如果這兩類溝通出現了問題，就會影響到職業人員的工作情緒、工作效率和服務品質。職業人員之間經常會出現相互之間的誤解、猜疑、矛盾和衝突，導致關係惡化。職業人員情緒低落，陽奉陰違，工作拖沓。因此，大型活動管理人員要努力加以改善。

3. 不適應大型活動的企業文化

企業文化是指一個企業所特有的、長期累積形成的共同價值觀念和行為方式。為了使新的職業人員能夠盡快地接受和適應大型活動機構的企業文化，大型活動機構必須對他們進行導向工作，讓他們經歷社會化過程。這樣，新成員才能理解大型活動機構的共同價值觀念，接受大型活動機構的行為方式。實際上，成員能否理解和接受大型活動機構的企業文化已經成為大型活動機構甄選、錄取和提升員工的最重要的依據之一。那些雖然被大型活動機構錄取但還沒有真正理解和接受大型活動機構企業文化的成員是很難被委以重任或得到提升機會的，有時即使得到了晉升的機會也是很緩慢的，並且還會很難與周圍的人和諧相處，總是感到與他們格格不入。還有雖然過去或現在能夠適應大型活動機構的企業文化，可是一旦大型活動機構的企業文化發生了重大變化，如果不能迅速適應，同樣也會面臨難堪的局面。

除上述幾個方面的主要原因之外，在大型活動行業還有其他方面影

響職業人員流動的重要原因。這包括大型活動機構沒有為職業人員設計個性化職業階梯，職業發展的機會有限，同事水準差、不好相處，沒有清晰界定職業人員的職責和專業領域，對職業人員的工作缺乏具體指導，大型活動機構沒有明確的發展方向，管理哲學和管理慣例頻繁變化，領導方式經常變化等。

二、大型活動職業關係規劃

（一）建立機構與員工的合作關係

　　許多大型活動機構都認為，他們在僱用員工的時候便是給了員工一個大人情，並且認為他們對員工的承諾是透過薪資兌現的。明智的大型活動管理者都會意識到，機構與員工之間良好的關係實質上是一種合作夥伴關係，因此有權期望員工對自己忠誠。同時，由於員工所提供的服務是其大型活動機構在利潤的基礎上向其客戶再次出售的，這種服務也被算作公司的一種產品。因此，員工有權要求得到公平的薪資、良好的工作環境以及機構對他們的尊重。如果缺少這種互相尊重的環境，那麼將導致員工士氣的低落和較高的人員流動率。

　　在大型活動這種創造性極強的領域中，客戶非常重視與提供服務的人的關係。因此，當你的關鍵員工「棄暗投明」時，你也會面臨著這樣一種危險，那就是你的客戶會將生意交由其他人去做。對這些客戶而言，較高的職業人員流動率意味著你的機構可能不夠穩定或金融狀況不夠良好，於是短期看來，他必須找一個能夠替代你的機構。

　　因此，你不僅要僱用到最優秀的職業人才，你還要設法留住他們，時間越長越好。這將是你的一個競爭優勢，與此同時也意味著你必須支

付有競爭力的薪資、提供一個安全穩定、有吸引力的工作場所，在機構經濟條件允許的情況下提供各種福利待遇。儘管你沒有法律上的義務來為員工提供諸如年節禮金、收益分紅等的福利，但這樣做會使你成為一個更有競爭力的大型活動機構。

（二）大型活動職業關係維繫方案

儘管職業人員流動問題已經受到了重視，但是，許多大型活動的經營管理者依然堅持認為，這個問題可以自行解決，不需要在這個問題上下什麼大力氣。在一項涉及「如何採取措施解決員工流動問題？」的調查中發現，成功降低員工流動率的原因是，從發生員工流動問題出現伊始，就以積極、認真的態度制定一個旨在降低員工流動率或減少員工流動現象的方案，即職業關係維繫方案。

不過，「流水不腐，戶樞不蠹」，大型活動機構中有一些員工流動現象是必要的。吐故納新、新陳代謝，是自然界事物成長的必然規律，非期望的職業人員離職了，期望的新的職業人員才會流進來，也才會帶來嶄新理念和新鮮能量。因此，大型活動機構要高度重視、認真對待和有效控制職業人員的流動問題。最理想的方法當然是根據每個大型活動機構的具體情況，量體定做出一套長、短期相結合的職業關係維繫方案。

1. 短期職業關係維繫方案

一般情況下，短期和長期職業關係維繫方案都會在不同程度、不同側面預防人員流動問題，但是在某些情況下，採用以下幾個短期方案也許是唯一有效的補救方法。當然，從某種意義上說，這些方案只能造成「治標」的作用。

（1）公開展示大型活動的企業文化。

大型活動機構有效啟動職業關係維繫方案的第一步是，確立機構的特定發展目標。這並不像寫下一個目標清單那麼簡單，用來解決員工流動問題的機構目標必須是與大型活動機構的企業文化密切相關。換言之，大型活動職業維繫方案的每一個側面都必須與大型活動機構的主流企業文化保持一致。如前所述，所有的企業都有自己的個性或者是獨有的特徵，大型活動機構也不能例外。這就是所謂的「企業文化」，它包括機構員工所共同持有的價值觀、共同信仰和重要假設。

例如：某一家大型活動機構的價值觀是「管理人員應該與其員工一起並肩工作」。在這種文化氛圍中，最常見的情形是，管理人員和員工一樣，要麼是到活動場館參加環境布置，要麼是在服務臺參與接待客戶或觀眾。可是另一家大型活動機構的價值觀變成了「應該讓員工做事，管理人員的職責只是督導他們的工作」，認為那些自己不必動手而是透過有效的授權激勵員工完成任務的管理人員才是有效的管理者。但如果一個大型活動的經理一方面倡導其管理人員應該透過有效的授權激勵員工完成任務，另一方面自己卻經常親自參加一般性日常接待工作。這可就讓他的下屬管理人員為難了，是聽其言，還是信其行呢？結果只會手足無措，無所適從。這時，大型活動機構精心準備的職業維繫方案也難以落實。

公開展示大型活動機構的企業文化就是決定共同價值觀、信仰和重要假設，以及使員工理解和接受這些理念的最有效方法。簡言之，就是把深藏於大型活動機構之中的共同價值觀、信仰和重要假設全面展示給員工的過程。事實證明，那些在這方面做得比較好的大型活動機構，推行職業維繫方案的效果也非常好。

（2）消除職業人員離職的因素。

　　雖然有些大型活動已經意識到了職業人員流動的嚴重性和危害性，可是在採取預防措施的時候並不知道職業人員流失的真正的原因，至於能夠正確地收集和使用人員流動資料去確認和解決問題的大型活動機構更是少之又少。他們往往根據以往經驗，就事論事地處理問題，而不進行深入細緻的收集資訊和分析原因的工作。收集資訊和分析原因的重要方法之一，就是對離職的職業人員進行離職面談。這樣做可以比較確切地了解員工離職的真正原因，以及如何採取防範措施從而確保其他大多數人員不致繼續流失，也就是大型活動機構為此需要做哪些改變或調整。一般來說，透過這類面談，大型活動管理人員完全可以了解到離職人員的真實想法。當然，前提是主持面談的管理人員要與離職人員坦誠相見，保持平和、寬容的心態，因為即將離職的人員談起話來往往會無所顧忌。

　　（3）強化職業人員留職的因素。

　　與離職一樣，留職人員願意繼續工作也總會有其具體原因。找出他們留下的原因可能要比知道他們為什麼離職更重要。這是因為大型活動機構可以用一個人員留下的理由去說服和影響其他人員留下。辨別和確認職業人員為什麼留下工作的常用方法是態度調查法，即透過事先設計的問卷測試題，徵求職業人員對他們目前的工作和工作環境的具體意見，從而確認他們願意留下工作的具體原因。和一些人員在離職時不會很坦誠地說出自己離職的真正原因一樣，一些留職人員在接受態度調查時也不會如實地回答一些比較敏感的問卷測試題。這是這種方法的一個主要缺陷和不足。解決這個問題的主要方法是，邀請相對獨立的第三方人士（大型活動機構顧問或外部專家）主持面談、蒐集資訊和分析數

據。在職業人員看來，與第三方人士面談風險小、壓力小。管理思想史上的霍桑實驗就是透過第三個階段由第三方人士主持的大規模面談，才找到了影響員工生產效率的主要因素或導致員工生產效率下降的主要原因。

（4）共同探討員工的真正需求。

正如前面分析的那樣，儘管職業人員流動有許多方面的原因，但追根究柢就只有一個，就是難以滿足他們需要的內部推力和能夠滿足他們需要的外部拉力相互作用的結果。簡言之，就是需求難以滿足，目標不能實現，個體行為受挫，外部刺激誘惑。這也印證了激勵理論的基本觀點：需求是行為的動力源泉，在滿足那些效價高而且機率大的需求的過程中，激勵的力量最強，效果最佳。這就給大型活動管理人員一個啟示：準確地了解職業人員的真正需求，設置富有針對性的努力目標，盡力滿足其正當、合理、占主導地位而又可能實現的需求，以此激勵、維繫職業人員。

要了解職業人員的需求，掌握其脈搏，就要讓大型活動的管理人員和職業人員一起共同探討他們的真實想法。常用的方法是意見調查法，即廣泛徵求職業人員的意見，從而確定他們的需求。透過調查，大型活動機構發現和了解職業人員的真正需求，其中難免攙雜著一些不切實際的想法。這並不重要，關鍵是大型活動管理人員要幫助職業人員分析，在這些需求裡有哪些是正當、合理的，哪些又是占主導地位而又可能實現的需求。要向那些持有不切實際想法的人員解釋清楚，並使之真正了解其中的原因以及具備哪些條件下才能夠滿足，以此消除誤解、達成共識。然後雙方共同努力，積極創造條件來實現那些正當、合理、占主導地位而又可能實現的需求。在這個問題上，逃避問題是不現實的，也不

利於問題的解決。只有正視現實問題，採取切實可行的措施才有助於問題的解決。

（5）為員工提供發表意見的機會。

在大型活動管理的過程中，我們經常發現，一些激烈的衝突或深刻的矛盾往往都是由一些很不起眼的成見、偏見和矛盾引起和形成的。起初這些問題雖然很小，也許因為很小才沒有引起重視，但是如果沒有得到很好的處理，日積月累，就會形成深刻的成見和偏見。一旦時機成熟或有了導火線，就會以極端的方式猛烈地迸發出來。有時小問題上的疏忽就能夠釀成大事故。比如：有時大型活動協調員對大型活動機構的工作安排或人際關係有些意見或建議，在某一個場合好不容易鼓足勇氣向管理人員提出來。可能是時間、地點選擇不當，也可能是其他方面的原因，最後沒有得到應有的重視，甚至是遭受了指責。可以想像，在此之後，不管管理人員怎麼鼓勵成員發表意見，這位成員再也不會提類似的建議了。「大禹治水在疏不在堵」，大型活動管理人員要努力創造條件，給所有人員提供一些自由發表意見的機會。

職業人員可以透過申訴程序、建議系統、員工專線、諮詢中心和品質小組，也可以透過態度調查會和員工 —— 管理人員協調會等各種會議，也可以透過機構內部的業務通訊發表自己的意見。

（6）糾正管理者自身的偏見。

雖然很少有大型活動管理人員真正了解職業人員的真實想法或真正需求，但他們總是自以為是地相信，職業人員在大型活動機構工作最關心的就是金錢。但實際情況並非如此。誠然，在職業人員剛參加工作的時候，的確需要一些錢解決現實的生存問題。可是一旦生存問題基本解決之後，他們的需求就發生了重大變化。研究顯示，此時職業人員的需

求幾乎與其經理相同：希望把工作做好，得到管理人員的認可和讚賞，希望大型活動機構能夠為他們提供提高技術和能力的機會，以及參與和自身利益有關的決策。這也符合馬斯洛的「需求層次理論」和赫茲伯格的「雙因素理論」的基本觀點：在員工的較低層次需求滿足之後，就必然追求較高層次的需求，尤其是激勵因素所包含的一些需求，否則便會喪失繼續努力工作的動力。如果說對那些剛參加工作的人員來說「沒有錢萬萬不能」的話，那麼，對於那些生存問題已經基本解決的人員來說，「金錢並不是萬能的」。對於職業人員需求的這種變化，大型活動管理人員一定要非常清楚，要了解發生變化的時機和趨勢。只有這樣，才能確保職業維繫方案真正發揮作用。

（7）確定合理的招聘方案。

在大型活動管理的過程中，我們還會發現，一些大型活動機構有時為了應付業務迅速發展的迫切需要，就匆匆忙忙地僱用一些「混日子」的員工來填補空缺。對於那些人力資源短缺的大型活動機構來說，為了滿足一時之需而被迫採取這種「亂槍打鳥」的做法，我們是沒有理由去加以指責。雖然大型活動機構也知道這樣的「職業人員」在大型活動機構裡不會待太久，可是他們對此也別無選擇：要麼是僱用這類人員，要麼就是職位空缺。於是，大型活動機構便陷入了一種惡性循環：倉促僱用「薪水小偷」，然後他們離職而去，接下來再被迫僱用「薪水小偷」……機構始終處於一種「救火式」的應急狀態。為了擺脫這種狀態，大型活動機構首先要進行工作職位分析，在此基礎上確定優秀人才應該具備的品格特徵；其次要制定合理的職業人員招聘、甄選和錄取的標準；最後要開發出合理招聘方案。現在，許多大型活動機構都使用此類招聘方案。

（8）開發員工導向專案。

如前所述，員工導向是指大型活動機構在新員工正式開始工作之前，為了降低或消除他們可能面臨的緊張和壓力而設計的人力資源開發專案。員工導向專案應該向新員工傳輸大型活動機構的企業文化，以增強其企業文化的敏感性。成功地開展員工導向專案的大型活動機構發現，其員工已經逐步地理解、接受甚至喜歡了大型活動機構的企業文化，並且在工作中努力使自己的行為與大型活動的企業文化保持一致。但是，一些大型活動機構並沒有真正地重視和認真開展這項工作，許多管理人員只把它看作是簡單地熟悉情況，很隨意地把足以影響員工未來的重要工作交給新員工，並告訴這些新員工「跟周圍的優秀員工好好學就行了」。而在許多情況下，就連優秀員工本人也並不知道經理到底想讓自己教給新員工一些什麼東西。他們只能憑藉自己的主觀理解很隨意地對新員工進行導向，這就有意識、無意識地把自己的錯誤理解和不良習慣教給心靈中還是一片空白的新員工。這就錯過了本來可以深刻影響新員工的難得的機會，不僅沒有在新員工這張「白紙上」寫出「最新最美的圖畫」，反倒可能塗上又老又醜的烏鴉。這樣，在新員工美好的心靈上留下的陰影會影響他們相當長一段時間，產生嚴重的失落感，直至最後離開大型活動機構。

（9）認真對待每一次員工面試。

如果大型活動機構第一關把關不嚴，錄取了素養較差的求職者，那麼，大型活動的管理者就應該預見到，在不久的將來會出現較高的員工流動率。反過來說，如果做好了員工的面試工作，那麼，這些素養較高的員工將會很快適應大型活動機構的企業文化，並且更好地運用他們熟練的技能去做好服務工作。這將有助於大型活動提高員工的工作效率，

降低員工流動率。在某種意義上說，員工面試的方式和效果好壞將決定未來幾年員工流動率的高低。這就是俗話所說的：「好的開始是成功的一半。」因此，大型活動管理人員要高度重視、認真對待和精心籌劃對員工的面試工作。而不要僅當作一件例行事務，把它交給沒有經驗的主管甚至是員工去做。事實證明，理想的做法是讓職缺部門和人力資源部門的經理一起主持面試，面試之前要對職缺部門的經理進行面試技能培訓。

（10）認真對待並嚴格管理員工流動問題。

這個方法是上述幾點的歸納和總結。一般來說，大型活動管理人員並沒有真正重視和對待員工流動問題。許多大型活動經理都認為，員工流動問題並不是一個很重要的問題，發生員工流動問題是員工職業道德水準不高的緣故。這就混淆了員工流動的因果關係。實際上，大型活動管理人員的疏忽才是導致非期望員工流動的真正原因。因此，大型活動管理人員要充分認識到員工流動問題的嚴重性，要以積極的態度認真對待員工流動問題，縝密地分析員工流動的具體原因，並且採取切實可行的措施加以控制。在結構控制上，要有效區分所期望的員工流動和非期望的員工流動；在總量控制上，要把員工流動率控制在一個比較合理的水準上。要根據歷史數據和行業水準科學地測算本機構的合理流動率；要設置員工流動預警指標，如果發現超過警戒線，就要努力降低；對於非期望流動的員工要力爭不流動或少流動，如果發生流動要控制在合理的水準上。

2. 長期職業關係維繫方案

從以上分析我們可以看出，短期方案側重於員工流動資訊的收集與運用，而長期方案則注重大型活動機構的組織變革，即把大型活動機構變成一個員工想要工作的地方。如果說短期方案只是造成「治標」作用

的話，那麼長期方案則要造成「治本」的作用。要做到這一點，需要對大型活動機構的諸多方面進行徹底的變革。因此，這是一個綜合性的系統工程，也是一項長期、艱巨的任務。但對大型活動機構來說，這又是解決員工流動問題不得不做的工作。實施這個方案，大型活動機構需要付出一定的時間、精力和金錢。至於大型活動機構付出的多寡則取決於目前的流動率和未來的目標。

（1）對員工進行社會化培訓。

如前所述，社會化是指員工在進入一家企業或新開展一項新工作時，適應其企業文化的過程。無論是開設一家新俱樂部或開始一場新的婚姻，只要是開展一項新的工作，人們都會面臨新的環境，需要努力適應，這樣一個不斷適應新環境的過程都是社會化。一旦人們開始熟悉他們所處的環境，了解了與其他人相處的規矩或規則以及做事的方式之後，就算是完成了社會化的過程。與普通的業務培訓相比，為了完成預定的任務，普通業務培訓強調要透過培訓教給員工一些必要的工作技能，養成理想的行為習慣；而社會化培訓則注重教會員工如何準確地理解每一個行為規則及其相互間的區別，以及如何自主地決定採取什麼方式去完成任務。如果說前者是「教會員工應該怎麼做」的話，那麼，後者則是「教會員工決定怎麼做」。

由此可見，大型活動有效地開展員工社會化培訓對降低員工流動率、維繫職業關係尤其是維繫非期望流動的員工職業關係起著極為重要的作用。可遺憾的是，這個問題並沒有引起許多大型活動機構的重視，只有少數機構制定正式的社會化培訓方案。實際上，它們忽視了對員工進行社會化培訓，把這一複雜的過程簡單地交給員工自己去做。這種不負責任的做法不可避免地會給員工帶來一個錯誤的開端，其結果必然是

員工大規模地離開大型活動機構。這也與一項研究成果相吻合：大型活動行業的員工流動大多數發生在員工剛開始工作的 30 ～ 60 天期間。

（2）設計員工職業發展階梯。

很多大型活動員工都把大型活動工作看作是通往「真正職業」的一個臨時性工作，並沒有當作是長久性的工作。造成這種狀況的主要原因在於，大型活動行業沒有為其員工設計職業發展階梯。現在，許多大型活動已經著手解決這個問題。主要方法有：在大型活動機構內部開發更多的管理職位，在同一職位上分出更多的等級，每一個等級又有若干職位名稱；建立「內部優先晉升制度」和「內部遞升方案」，鼓勵把工作能力強、業績比較突出、初步具備管理者素養、有發展潛力的員工提升到主管職位。

（3）對員工進行業務技能培訓。

大型活動機構為員工設計職業發展階梯，只是給員工提供了獲得職業發展的希望和可能性，要把希望變為現實，把可能性變為現實性，還必須對員工進行業務技能培訓。為了適應未來發展的需要和職業競爭的要求，大型活動機構要按照「一專多能」的指導思想來設計員工培訓方案，使員工建立比較合理的「T」型知識結構。員工培訓的具體問題參見第 7 章。這裡要特別強調的是員工的外語培訓問題。

大型活動機構作為國際化的產業和對外開放的窗口，其服務品質的提高在一定程度上有賴於員工的外語程度，這就對員工尤其是一線員工的外語程度提出了較高的要求。提高員工的外語程度，對於提高員工的溝通能力和服務品質及增強其自信心無疑會起著極為重要的作用。但是大型活動管理人員也有一個擔心，即「外語程度提高之日，就是員工跳槽之時」。畢竟「水往低處流，人往高處走」。外語作為員工求職的一

個保障，當外語程度提高之後，很可能要跳到收入更高、條件更好的企業。儘管如此，大型活動機構也不能因噎廢食。這裡問題的關鍵不是在員工方面，也不能期望企業與企業間員工收入水準的顯著差距在短時間內迅速縮小，而關鍵是大型活動機構要反思自身在導致員工流失方面的問題。

在對員工業務技能培訓方面，美國大型活動機構的做法正好相反。他們一直在強調要使用員工的母語對員工進行培訓。這樣做一者是基於遵守法律的考慮，要保護以非英語為母語的弱勢族群的利益；兩者是基於員工構成的考慮，現在，美國大型活動行業以非英語為母語的員工有不斷增多的趨勢。當然，也應該看到，一些和大型活動行業有相同員工背景的服務企業，已經專門為那些不懂英語和很少接受過正規教育的員工，編寫了適合其程度的系列培訓教材。

（4）充分發揮品質小組的作用。

品質小組是指一群員工為了解決工作現場的一些問題而組成的工作團隊，品質小組是大型活動行業員工參與決策、自主管理的一種有效形式。允許員工自主解決問題是這種方法的本質要求，品質小組的員工可以主動、自覺地發現問題、分析問題和解決問題。因此，這是管理方式的重大變革，由管理人員對員工的「要我做」轉變為員工積極主動地要求「我要做」，也必將增強小組自身和企業的凝聚力和向心力。要充分發揮品質小組的凝聚作用和激勵作用，降低大型活動行業居高不下的員工流動率，大型活動機構高層管理者要充分授權，全力支持其工作。但這並不意味著，就是簡單地選派一個工作團隊，然後放手讓其自主工作，最後期望他們能夠實現既定的目標。而是要在品質小組開始工作之前，聘請品質保證專家或品質控制專家，組織和督導品質小組的工作。在這

個過程中，還要不斷徵求各方面的意見和建議，以保證品質小組健康、穩定地發展。實踐證明，一些大型活動機構透過品質小組的方式已經明顯地降低了員工流動率。

（5）實行激勵計畫。

一些大型活動機構用激勵計畫去降低流動率。這種計畫是階梯制的，也就是說員工留在公司越久，則公司就對其給予更多的激勵。許多公司採用對員工及其家屬頒發獎學金的方法來降低流動率。其他公司還採取根據員工表現獲得的積分來頒發年終獎金的方法。

開展一項成功的激勵計劃有兩個關鍵因素。首先，員工需要從計畫的基礎階段做起，以便獲得盡可能多的激勵。其次，員工應該在公司工作一定的時間，參與計畫的員工在本公司工作年限達到一定標準就可得到公司的特別獎勵或生活保障。

（6）確定合理薪酬的標準。

雖然僅憑金錢並不能制止員工流動，但經濟上的匱乏確實為正考慮離職的員工提供了很好的理由。許多大型活動機構能夠透過將薪資提高到具有競爭力的水準來解決這個問題。機構管理者必須簡單地問問他們自己，他們是願意付更多的錢以保證員工在機構裡工作更久，還是情願用這些錢來替代離職的員工。付給員工更高的薪資是一種形式的投資，而流動成本不能獲得補償。

（7）其他職業關係維繫方案。

上述任何一項單一的職業關係維繫方案都不可能完全適用於一個特定的大型活動機構，畢竟每一個機構都有它自身的特點，在實際中應根據其自身特點綜合應用不同的方案，透過合理的組合方案有效降低和控制員工流動率。除了上述方案外，還有一些被證明是成功的方案，這包

括：給予求職者以真實的工作預期。在對求職者面試時，要坦率地告訴求職者他們未來將要得到的工作的真實情況。不要為了吸引更多的求職者，做誇大其辭的宣傳介紹，或者是只突出未來工作的有利的一面，或使用模糊的語言來掩飾未來工作不利的一面。這樣做，只會讓求職者產生不切實際的預期或幻想。一旦他們被錄取，到了工作現場投入工作，就會發現現實與當初的宣傳介紹或預期有巨大的差距。這時，新員工便會產生悲觀失望情緒和上當受騙的感覺。這與員工離職也就不遠了。

第三節　大型活動職業管理

職業管理又稱職業規劃與管理（Career Planning and Management），是指一個組織為其員工精心設計的、旨在促進員工逐漸意識到與職業有關的個人特徵及其一生職業發展中需要經歷的一系列階段的過程。職業管理是人力資源管理中的一個新概念、新職能和新方法。目前已為西方國家企業組織廣泛重視和運用，同時也受到企業員工的普遍歡迎。

一、大型活動職業開發

員工的職業管理是一個長期的、系統性的工程，離不開人力資源管理其他幾方面的活動或職能。它與人力資源規劃、員工培訓和績效評估等活動或職能之間的關係尤為密切，這三項活動或職能在員工的職業管理過程中有著極為重要的作用。在職業管理過程中，人力資源規劃的功能就不再是預測空缺的職位，而是確認組織內部有潛力的候選人；培訓的功能也不僅僅是透過培訓使員工能夠勝任工作，順利填補空缺的職位，而是透過對員工進行有計畫的、持續不斷的培訓，開發潛力，保持大型活動業務和員工職業的可持續發展；同樣，員工的績效評估也不再是用作薪酬水準的決策依據，而是用來確認每個員工的職業發展需求，並借助績效評估的激勵作用來確保這些需求的實現。

（一）職業生涯設計

1. 員工自我分析

　　員工首先應對自己的基本情況（包括個人的優勢、弱點、經驗、績效、喜惡等）有較為清醒的認識，然後在本人價值觀的指導下，確定自己近期與長期的職業發展目標，並進而擬出具體的職業管理計劃。此計劃應有一定的靈活性，以便根據自己的實際情況進行調整。

　　有正確的自我分析和評價並不是一件簡單的事情，往往要經過較長時期的自我觀察、自我體驗和自我剖析。下面提供一種方法，它透過對一系列問題的回答分析自己的能力、興趣和愛好等（見表 8-2）。

表 8-2 員工自我評價表

1. 從下述第三條所列項目中選出你近期最感興趣的項目	
2. 從下述第三條所列項目中選出你近期最不感興趣的項目	
3. 填寫下列表中未列出，而你又最感興趣或最想做的工作	
（1）有自由性的工作	（2）有權力性的工作
（3）薪資福利待遇高的工作	（4）有獨立性的工作
（5）有趣味性的工作	（6）有安全性的工作
（7）有專業地位的工作	（8）有挑戰性的工作
（9）無憂無慮的工作	（10）有社交性的工作
（11）有聲譽性的工作	（12）能表達自己的工作
（13）有地區選擇性的工作	（14）有娛樂性的工作
（15）環境和諧的工作	（16）有教育機會的工作
（17）領導性的工作	（18）具有專家性的工作
（19）有旅行性的工作	（20）有居家性的工作
4. 你目前從事哪類工作？它能滿足你進一步要求？能與不能的理由	

5. 你希望在今後工作中獲得滿足嗎？如希望的話，如何進行或計畫；如果不希望的話，說明理由

6. 請具體描述你今後最希望從事的工作

7. 說明你最希望從事的工作的各種具體活動或內容

8. 為了從事你希望的工作，你是否需要接受培訓或透過自學等形式學習和掌握新的知知識或技能？如果需要的話，請詳細說明學習或獲得這方面知識和技能的途徑或方法

9. 你的這些要求是否可在你目前從事的工作以外的方面得到滿足？如果可能，你是否希望發展或晉升到更重要一級的職位上？

10. 概述你自己希望並能做什麼工作以滿足你的需求

2. 組織對員工的評估

　　組織評估是組織指導員工制定職業計畫的關鍵。它對組織合理地使用、開發人力資源和有效加強員工職業開發具有重要影響。組織評估的管道主要有三種：

◆ 根據從選擇員工的過程中收集相關的資訊資料（包括能力測試，員工填寫的有關教育、工作經歷的表格以及人才資訊庫中的有關資料）做出評估。

◆ 根據收集員工在目前工作職位上表現的資訊資料（包括工作績效評估資料，有關晉升、推薦或薪資調升等方面的情況）做出評估。

◆ 透過心理測試和評價中心做出評估。這兩種方法目前在西方已得到廣泛的應用，西方國家的許多大企業都設有評價中心，有一群經過特別培訓的測評人員。透過員工自我評估以及評價中心的測評，能較確切地測評出員工的能力和潛質，為員工制定切實可行的職業發展計劃。

3. 提供職業管理的資訊

　　一個員工進入一個大型活動機構後，要想制定出一個切實可行的、符合組織需求的個人職業管理計畫，就必須獲得機構組織內有關職業選擇、職業變動和空缺職位等方面的資訊。同樣，從機構組織的角度說，為了使員工的個人職業計畫制定得實際並有助於目標的實現，就必須將關於員工職業管理方向、職業管理途徑以及相關職位候選人在技能、知識等方面的要求，及時地利用機構內部報刊、公告或口頭傳達等溝通形式傳遞給諸位員工，以便使那些對該職位感興趣、又符合自己職業管理方向的員工參與公平的競爭。機構組織還要創造更多的職位或新的職位，以使更多員工的職業計畫目標得以實現。

4. 提供職業諮詢

　　大型活動機構的人力資源管理與開發部門，及各級管理人員應協助員工回答有關職業發展的問題。要做好諮詢或指導，就要從各方面的資訊資料分析中，對員工的能力和潛能做出正確評價，並根據本機構的實際要求和可能，協助員工制定出切實可行的職業發展計畫，並對其職業發展計劃目標的實現和途徑進行具體指導和必要支持。

　　最後，需要強調的是，大型活動機構的各級管理人員在幫助員工制定職業發展規劃，進行職業發展設計的時候，要避免純粹的利他主義的傾向，一切完全從員工個人發展的角度思考問題。儘管這種做法並不多見，但還是客觀存在的。這樣做對大型活動機構的長遠發展和員工的職業發展都是非常有害的。一定要把員工個人的職業發展與大型活動機構的長遠發展系統結合起來。

（二）職業發展路徑

在市場體制下，職業發展的路徑選擇先後經歷了縱向型、橫向型、網狀型和雙重型四種職業發展路徑。

1. 縱向型發展路徑

這是典型的傳統職業發展路徑，它是指員工在組織裡，沿著職位等級，不斷地由一個工作職位向上轉到另一個工作職位的發展路徑。這裡隱含的假定是，員工當前所從事的工作是為升到下一個較高層次工作做準備。因而，在傳統組織中，如果一名員工期待著升遷的話，必須一級接一級地、從一個工作職位轉到下一個工作職位，以獲得需要的閱歷和經驗。實際上，只有少數人可能升到組織的較高職位，以實現他們最初確定的職業發展計畫目標。各種不同的組織可達到的等級機會是不一樣的。在結構比較扁平的組織裡，員工升遷的機會較少，能夠到達較高職位就更少；而在結構比較狹長的組織裡，員工升遷的機會相對較多，能夠達到高層職位的也相對較多。不管怎麼樣，員工透過縱向型的發展路徑，獲得發展的機會相對較少，依此進行的激勵效果也相對較差。這就是我們經常見到的許多人都在「公司裡熬」，有耐心的就一直「熬下去」，也許會得到一些機會，缺乏耐心的就匆匆離去。

這種路徑的最大好處之一，就是它已經把員工的發展路徑清晰地展示出來，並且讓員工知道自己必須向前發展的特定工作序列，鼓勵員工一直向前發展。

2. 橫向型職業發展路徑

上述諸多變動因素的挑戰，尤其是組織結構扁平化趨勢的出現，以及組織對員工技能多樣化要求的日益迫切，使得今後組織中員工職業發展的路徑

將越來越趨於橫向型發展，即員工將不斷地在組織中各平行職能部門間進行頻繁的個人職務調動。例如由工程技術部門轉到採購供應部門或市場銷售部門。在實行集團化管理和雖然未實現集團化管理但不斷向外輸出管理的大型活動機構中這種情況將不斷出現。這種情況也叫做工作職務轉換或工作職務輪換，在中層管理人員中較常採用。這種做法既有助於擴大他們的專業技術知識，豐富其工作經歷，也是激勵員工的重要手段之一。透過這條路徑可以為他們將來升到高級管理職位做好必要的鋪墊，打下堅實的基礎。

當然，使用這條發展路徑也受到一些條件的限制。主要是大型活動機構內部的橫向職位要相對較多，最好是實行集團化管理，或者即使是未實行集團化管理，但要能夠不斷地拓展業務，輸出管理。

3. 網狀型職業發展路徑

這是指由縱向的工作序列向上發展的路徑和一系列橫向發展機會交織而成的職業發展路徑，實際上是上述兩種職業發展路徑的結合。這種職業發展路徑承認員工在某些層次上所累積的經驗的可替換性，以及在晉升到較高層次之前需要拓寬本層次的閱歷。它在一定意義上減少了職業發展路徑上出現「塞車」的可能性，也更現實地代表了員工在組織中的發展機會。現實的情況就是員工在沿著職業發展路徑向上發展的時候，經常是先向上進一步，然後再在橫向路徑上「搖擺」兩三步，類似官場「八字步」式的螺旋上升。這也印證了職業發展的所謂「前途是光明的，道路是曲折」的真理。

這種職業發展路徑的缺點是，在向員工解釋其職業發展可能採取的路徑時，會比較困難。雖然大型活動機構的每一位員工都懂得「前途是光明的，道路是曲折的」的道理，但具體到自己的職業發展路徑，還是希望凡事「一帆風順」。

4. 雙重型職業發展路徑

　　雙重型職業發展路徑的設計最初就是用來解決大型活動機構中具有技術背景、但並不期望透過正常升遷程序調到管理部門的一部分員工的職業發展問題。它是指受組織中管理職位的限制，一些不具備管理潛力的專業技術人員沒必要從事管理工作，卻可以適當拓寬專業技術領域，在研究、開發、銷售和服務等相關領域橫向發展的一種職業發展路徑。這條路徑最早是由高科技企業發明的，也主要適用於技術含量比較高的企業。如在一些高科技企業裡，一些專業研究人員既可以做開發工程師，又可以做銷售工程師，還可以做服務工程師。而在大型活動機構裡，由於其技術含量較低，所以適應範圍較窄，但可以作為參考。

（三）職業發展障礙

　　大型活動的人力資源職業管理可能會面臨以下挑戰：如何挽留和獎勵那些擁有關鍵技術的員工，如何創造新的職業發展路徑以幫助那些老員工打破職業發展停滯的極限，如何對那些知識、技術陳舊的老員工進行再培訓等。因此，大型活動機構人力資源管理部門應該與大型活動機構最高管理人員一道制定新的政策措施，避免職業發展停滯和技術陳舊現象的發生。

1. 職業發展停滯

　　職業發展停滯又稱之為職業高原（career plateau），它是指在員工職業發展的過程中，由於員工自身的或組織方面的原因，使得員工的職業發展達到一個極限點或臨界點，在職業階梯上向上移動的可能性變得很小而處於相對停滯的狀態或現象。

　　職業發展停滯根據其成因，可以分為結構型停滯、內容型停滯和生活型停滯三種類型。

◆ 結構型停滯是指由於組織的市場結構、產品結構或組織結構的調整
而導致的職業發展停滯，這種停滯是以員工在組織中的晉升結束為
象徵，屆時，期待晉升的員工不得不離開所在的組織，去尋求新的
機會和挑戰。

◆ 內容型停滯是指由於員工對所從事的工作內容感到厭煩而產生的職
業發展停滯，此時，員工已經熟練掌握某項工作所要求的技能，日
常工作對於員工來說沒有任何挑戰性，需要在組織內部或外部尋求
挑戰性工作。

◆ 生活型停滯是指由於生活中的重大變故而引發的職業發展停滯，這
可能比上述兩種類型的停滯更深刻，有些像生活中的重大危機，對
員工的身心將產生深遠而持久的影響。

不管怎麼樣，員工出現職業發展停滯對組織和個人來說，都是極為
痛苦難熬的事情。

一般而言，員工要在短期內超越職業發展極限，突破這個臨界點的
可能性非常小，除非對自己的技術、能力和職業傾向做出重大調整，再
經過較長時間的潛心累積，才可度過難關。分析發現，處於這一階段的
員工及其所處的停滯狀態大致可分為兩類：第一類是績效穩定的「可靠
型」員工，儘管這類員工的晉升機會已經極為有限，但他們還是保持著
很高的工作績效水準，所以，他們實際上處於「隱性職業發展停滯階
段」；第二類是績效下降的「朽木型」員工，這類員工的績效水準已經下
降到組織無法接受的程度，幾乎完全喪失了晉升的機會，此類員工所處
的階段叫做「顯性職業發展停滯階段」。

大型活動機構及其管理人員發現某些員工處於職業發展的相對停滯
的時候，就貿然做出他們無法晉升的結論，把他們看作是所謂「有問題

的」員工，是草率和冒險的，這樣將使他們真正喪失職業發展的機會，從而陷入「技術水準下降－績效水準下降－職業發展停滯」的惡性循環之中。換言之，可能會使員工由隱性職業發展停滯階段轉為顯性職業發展停滯階段，員工也可能由「可靠型」員工退化為「朽木型」員工。

解決員工職業發展停滯問題的總體思路是未雨綢繆，預防為主，注重開發，累積潛力。首先要對這些員工進行系統的績效考察，爭取在他們的績效水準和自信心都出現下降之前採取適當措施，加以阻止；其次要制定出比較全面的人力資源開發政策，把系統性的績效評估與繼任遞升方案、職業發展諮詢以及職業發展培訓系統結合起來；最後還可以採用橫向流動發展的方法，鼓勵員工累積潛力，為其進一步發展做好準備。

2. 技術陳舊老化

技術陳舊老化是一個相對的概念，是指大型活動機構中的一些員工的知識、技術和能力相對低於本機構或本行業的平均水準，難以適應組織工作要求的狀態或現象。造成這種狀況的原因有兩個方面：員工方面，或者是知識基礎較弱、技術能力較差，或者是雖然知識基礎較好，但主觀努力不夠，自身的知識、技術和能力相對較低；組織方面，為了增強競爭力，滿足社會需求，會相應地提高對員工的知識、技術和能力的要求。這種「一高一低」的狀況，就形成了員工技術陳舊老化的現象。處於職業生命中期的員工和年老的員工容易形成技術陳舊老化，尤其是年老的員工由於觀念陳舊、學習能力差、接受新事物慢，更容易遭到技術陳舊老化的威脅。對於大型活動機構員工來說，「職業生命中期」和「年老」這兩個概念要比社會平均水準低得多，也就是說，大型活動機構員工更容易進入職業生命中期和「年老」階段。對於基層操作員工來說，這種狀況更加明顯；社會轉型、技術變革時期，這種狀況也比較明顯。

　　防止技術陳舊老化的方法主要有技術維持和員工再培訓兩種方法。技術維持就是在職業生命的早期就對員工的職業生命週期進行干預，對員工進行再培訓的前提是，管理者和員工雙方都認為這樣做可以獲得更高的回報。除此之外，還有為年老的員工創造新的職業角色，並採取措施鼓勵年老員工提前退休。

（四）職業發展障礙排除

1. 提高對職業管理的認知

　　職業管理是人力資源管理中一個相對較新的職能。機構中人力資源管理部門和各級管理人員，要加強對職業管理的了解，提高對其重要性的認知。對於一個現代員工來說，能夠滿足其成長、發展的需求，是對他們最有效的激勵，也是企業吸引人才的重要途徑。

2. 個人職業管理與組織發展相結合

　　個人的職業管理離不開組織的發展。為此，首先要制定大型活動機構的人力資源開發的綜合計畫，並把它納入機構整體策略發展計畫之中。要根據機構未來發展對人力資源的需求，幫助員工制定出個人職業管理計畫，使組織的目標、需求與個人的目標、需求系統地結合起來。這是職業管理有效性的關鍵。

3. 要積極提倡公開而平等的競爭

　　如今，越來越多的大型活動機構採用公開招聘、公平晉升的方法選拔人才，使更多的優秀人才透過公開競爭脫穎而出。這種方法有利於員工形成奮發向上的良好風氣，有利於激發員工的積極性，為實現自己的職業發展計畫目標而努力。因此，應當大力提倡。

4. 給予員工職業發展個性化指導

處於不同職業發展階段的員工有不同的需求，人力資源管理部門及各級管理人員不能簡單對待，而應深入了解他們各自的合理要求，並指導和幫助他們去實現各自的需求，以增加他們的滿意度。對於員工的職業發展來說，最重要的是大型活動機構管理人員要在招聘、甄選和錄取階段就開展職業發展的導向工作。在這一階段，員工必須建立起對職業的自信心，應該學會與第一個老闆和同事相處，學會如何承擔責任，而且最重要的是要獲得對與初始職業目標相關的才能、需求和價值觀的遠見。實際上，這是對新員工的一個真正的考驗時期。在這一時期，員工的初始希望和目標、才能和需求將第一次遭受大型活動機構的具體工作和現實生活的嚴峻挑戰。對於許多第一次參加大型活動機構工作的員工來說，這是一個災難時期。他們的天真願望在現實面前可能會摔得粉碎，美夢難以成真，漸漸地會變得清醒和務實。

5. 在招聘過程中提供現實工作預覽

在招聘過程中提供員工在組織內工作時的現實工作預覽是一個減少現實衝擊、提高長期績效的有效途徑，這種預覽既包括工作的吸引力，也包括可能遇到的麻煩。席恩（Edgar Henry Schein）指出，在重要的初始階段，求職者和大型活動機構管理人員可能遇到的一個重要的問題是要在雙向選擇的情況下取得準確的資訊。招聘者和候選人經常在面試過程中給予和接受一些並不真實的資訊。結果，這個面試並不能真實地反映候選人的職業目標，同時，組織也給候選人留下了一個並不真實的好印象。

對於那些將要從事比較複雜工作的員工來說，例如銷售人員，如果組織在招聘的時候能夠為他們提供真實的工作預覽，那麼將大大提高他

們在組織中的生存能力和績效水準，換句話說，就會減少由於巨大的現實衝擊而產生的流動率。實際上，一些組織都有效地運用了這種方法，並且取得了成功。他們在招聘員工的時候，都會向新員工展示將來的職位是什麼樣子的，以及對工作環境有什麼樣的嚴格要求。

6. 要提出較高的工作要求

在員工和管理者之間的關係上存在著「比馬龍效應」（Pygmalion Effect）。意思是說，如果管理者對他的新員工有著更高的期待、更大信心和更多支持的話，那麼他們就會表現得更好。因此，「不要把新員工交給一個木頭似的、沒有要求、不提供支持的管理者」。相反，大型活動機構應該為新員工挑選一個接受過特殊培訓、績效水準很高並且樂於為新員工提供支持的管理者作為導師，這樣，組織這個管理者在員工至關重要的第一年為他們設定較高的工作標準。

7. 提供工作輪換和工作路徑

組織幫助新員工進行有效自我測試、明確職業目標的最好方法，就是在條件許可的情況下為新員工提供多種富有挑戰性的工作讓他們去嘗試。透過這種方法，不僅新員工能夠有機會正確評價自己的能力和偏好，而且組織也可以由此獲得一些具有開闊視野和豐富技能的管理者。如果把這種工作輪換的方法再進一步擴展，就會變成為員工提供職業發展路徑的方法。為此，組織中的管理要精心安排好工作分配的次序。

8. 進行職業導向績效評價

席恩認為，管理者必須了解到，真實的績效評估資訊從長遠來看要比維護下屬的短期利益更加重要。因此，他說，管理者需要掌握關於員工潛在職業路徑的準確資訊，包括其下屬未來工作或所期望的工作的性質。

9. 為導師制提供機會

導師制可以定義為「任用有經驗的導師來教育和培訓在這一領域缺乏知識的人」。透過個人化的關注,「導師將需要的資訊、回饋和鼓勵傳達給新員工」,新員工對其職業成功機會的樂觀態度也會由此而提升。

大型活動機構的導師制可以是正式的也可以是非正式的。一般而言,中層管理者是新員工最佳的導師人選,他們不僅可以進行專業培訓,而且還可給予職業發展建議,幫助新員工順利度過可能遇到的困難。當然,也有許多大型活動機構建立了正式的導師制專案,它們積極倡導建立導師關係,為新員工配備具有潛力的導師,提供指導性質的培訓。

◆ 專業詞彙

職業規劃;職業團隊;職業關係;職業生涯;人員流動;期望流動;非期望流動;企業文化;職業發展階梯;職業發展障礙

◆ 思考與練習

- 簡述職業團隊發展規劃的階段和各階段的規劃工作重點。
- 如何正確理解和解決團隊成員的問題與矛盾?
- 如何對職業人員流動成本進行分類和評估?
- 論述大型活動機構職業關係短期和長期維繫方案的關係。
- 大型活動機構職業發展有哪些路徑?它們各有哪些特點?
- 如何正確理解和解決大型活動機構職業發展的停滯問題?

第 9 章
大型活動的風險管理

◆本章導讀

　　本章主要涉及大型活動的風險專門管理問題。在本章學習中，應該注意了解大型活動風險和風險管理的基本概念，深刻理解大型活動所面臨的主要風險及其管理的主要方式，熟悉大型活動管理中風險確認的基本程序和技術，掌握大型活動合約管理的主要內容。

第一節　大型活動風險管理概述

■ 一、大型活動風險與管理

（一）大型活動風險

　　所謂風險，其實就是活動結果的不確定性，是人們因對未來行為的決策及客觀條件的不確定性而可能引起的後果與預定目標發生多種負偏離的綜合。舉辦活動尤其是大型活動時，其運行狀態和結果可能是活動組織管理者以及所有利益相關者願意看到的，但是有時某些活動組織管理者和利益相關者所不願意看到的運行狀態和結果也可能出現。比如當很多人為了慶祝、教育、市場開發、聚會等目的而集中起來時，發生生命財產損失的風險就會增大 —— 經常見諸報端的關於重大活動中各種事故的報導證實了這一點。

　　對活動風險的理解應該注意以下幾點：

- 活動風險是與活動的運行相連繫的，這種運行概包括個人的行為，也包括群體或組織的行為。不與行為連繫的風險只是一種危險。而行為受決策左右，因此風險與人們的決策有關。

- 客觀條件的變化是活動風險的重要成因，儘管人們無力控制客觀狀態，卻可以認識並掌握客現狀態變化的規律性，對相關的客現狀態做出科學的預測，這也是大型活動風險管理的重要前提。

- 活動風險是指可能的後果與預定目標發生負偏離，在活動風險管理過程中需要根據負偏離的程度不同以及負偏離本身的重要程度差異採取不同的管理行為。

- 活動風險本身是一種不確定性，所以同時也就有了潛在性、隨機性的特徵，由於其往往並不顯現在活動的表面，並且還表現出一定的偶然性，活動組織管理者才會忽視它的存在，從而蒙受種種損失。

貝隆希（Alexander Berlonghi）認為（1990），活動管理中風險主要來自於：

- 管理方面，如果組織結構和辦公布局合理則有助於減少對工作人員的風險；

- 宣傳和公共關係方面，宣傳人員本身具有的特點決定了他們在工作中更加關注行動可能帶來的成果，而傾向於忽視潛在的風險；

- 健康和安全方面，預防損失計畫和安全控制計畫都是任何風險管理策略的重要組成部分，與食品特許的衛生和衛生設施要求相關的風險應該引起特別重視；

- 擁擠管理方面，對擁擠人群、酒類銷售和噪音控制等方面的風險；

- 保全方面，活動的保全計劃是風險管理的重要組成部分；

- 運輸方面，運輸、停車場和大眾交通都存在潛在的風險，應該引起足夠的重視。

（二）大型活動風險管理

1. 活動風險管理概念

不過事物的兩面性同時也告訴我們，儘管活動風險強調負偏離，但實際中肯定也存在正偏離。由於正偏離是人們的渴求，屬於風險收益的範

疇；同時儘管某一具體風險發生存在偶然性，但大量風險發生卻總存在必然性、規律性。因此若能夠對大量風險事故資料的觀察和統計分析，發現其呈現出明顯的運動規律，進行仔細的觀察和監控，運用機率統計方法及其他現代風險分析方法去計算風險發生的機率和損失程度進行合理的判斷，對可能發生的風險進行預測、估量和評價，則就有可能較為準確地掌控風險，去獲得風險所內在的誘惑效應 —— 這就是風險管理。

所謂活動風險管理是指活動組織管理者對可能遇到的風險進行預測、識別、評估、分析，並在此基礎上有效地處置風險，以最低成本實現最大安全保障的科學管理方法。由此可見：

◆ 大型活動（包括其他規模的活動）風險管理的主體是活動的組織管理者，這個組織管理者可以是專業的活動公司，也可以是政府部門，當然如果活動的規模較小，甚至也可以是個人，因此活動風險管理概念的外延很大；

◆ 活動風險管理是由風險預測、辨識 [020]、評估、分析、處置等環節組成的，是透過計劃、組織、指導、控制等過程，透過綜合權衡各種科學方法和方案，從中選擇最佳的管理技術和風險管理方案以實現其成本收益目標；

◆ 活動風險管理的目標是實現最大的安全保障，若活動風險管理不善，則與增加了的受傷、盜竊以及其他不幸相伴隨的自然就是不斷增多的費用。這些費用主要來源於兩種途徑：活動直接創收的損失和保險商被迫償付的高額保險賠償金。而最大的損失可能是由此悲劇及其不良社會影響所導致的商機的流失 —— 有誰願意去一個可能會發生帳篷倒塌和傷人事件以及有著食物中毒危險的地方參觀呢？

---

[020] 關於風險識別和確認的內容在下文專門章節中論述，此處暫不展開。

2. 活動風險處置的可選方案

　　透過對活動風險的評估和分析，把活動風險發生的機率、損失嚴重程度以及其他因素綜合起來考慮，就可得出活動發生各種風險的可能性及其危害程度，再與公認的安全指標相比較，就可確定專案的危險等級，從而決定應採取什麼樣的措施以及控制措施應採取到什麼程度。活動風險處置的可選方案包括風險迴避、風險控制、風險自留和風險轉嫁。

　　（1）風險迴避。

　　風險迴避是在考慮到某項活動的風險及其所致損失都很大時，主動放棄或終止該活動以避免與該活動相連繫的風險及其所致損失的一種處置風險的方式，它是一種最徹底的風險處置技術。它在風險事件發生之前將風險因素完全消除，從而完全消除了這些風險可能造成的各種損失，而其他風險處置技術，則只能減少風險發生的機率和損失的嚴重程度。在對該活動進行風險預測、辨識、評估和分析後，如發現實施此項活動將面臨巨大風險，一旦發生事故，將造成活動舉辦方無法承受的重大損失，而風險經理又不可能採取有效措施減少其風險和損失幅度，且保險公司也因該活動風險太大而拒絕承擔，這時就應放棄或終止該活動的實施，以避免今後可能發生的更大損失。

　　（2）風險控制。

　　風險控制是為了最大限度地降低風險事故發生的機率和減小損失幅度而採取的風險處置技術。可採取以下措施控制風險：根據風險因素的特性，採取一定措施使其發生的機率降至接近於零，從而預防風險因素的產生；減少已存在的風險因素；防止已存在的風險因素釋放能量；改善風險因素的空間分布從而限制其釋放能量的速度；在時間和空間上把

風險因素同可能遭受損害的人、財、物隔離；借助人為設置的物質障礙將風險因素同人、財、物隔離；改變風險因素的基本性質；加強風險部門的防護能力；做好救護受損人、物的準備。為此可以採用先進的材料和技術，有針對性地對實施活動的人員進行風險教育以增強其風險意識，應制定嚴格的管理操作規程，以控制因疏忽而造成不必要的損失。

（3）風險自留。

風險自留是由活動舉辦方自行準備資金以承擔風險損失的風險處置方法，在實踐過程中有主動自留和被動自留之分。主動自留是指風險管理者在對活動風險進行預測、辨識、評估和分析的基礎上，明確風險的性質及其後果並選擇籌措資金主動承擔某些風險。被動自留則是指未能準確辨識和評估風險及損失後果的情況下，被迫採取自身承擔後果的風險處置方式。被動自留是一種被動的、無意識的處置方式，往往使活動舉辦方因已造成的嚴重後果而遭受重大損失。有選擇地對部分風險採取自留方式，有利於活動舉辦方獲得更多的利益，但究竟自留哪些風險是風險管理者應認真研究的問題。

（4）風險轉嫁。

風險轉嫁是指活動舉辦方將活動風險有意識地轉給與其有相互經濟利益關係的另一方承擔的風險處置方式。風險轉嫁也有兩種方式：保險轉嫁和非保險轉嫁。保險是最重要的風險轉嫁方式，保險的理論研究和實踐活動在風險管理發展的早期就已經得到了充分發展，透過保險方式轉嫁風險的有關論述將在下文具體涉及。非保險型轉嫁方式是指活動舉辦方將風險可能導致的損失透過合約的形式轉嫁給另一方，其主要形式有租賃合約、保證合約、委託合約、分包合約等。透過轉嫁方式處置風險，風險本身並沒有減少，只是風險承擔者發生了變化。

　　基於以上這四種風險處置選擇，貝隆希提出了一個多層次多目標的風險控制策略（1990）：

　　a. 取消和避免風險，如果面臨的風險過高，就必須取消活動的所有組成部分，比如有可能因為意外的降雨而導致室外音樂會的取消。

　　b. 減輕風險，這主要是針對那些不能消除的風險而言的，如若要想消除所有的安全隱患則需要對每一個活動參加者進行檢查，但除非萬不得已則這種檢查的可行性很低，所以應該考慮一些替代性的檢查方法。

　　c. 降低已經發生的風險的危害程度，風險管理中的安全計畫其實就是一個為可能的已發生問題而制定的快速有效的反應措施，對工作人員進行基本急救技能或者緊急情況處理方面的訓練，可以減輕事故或者自然災害的危害程度；同時，在處理緊急情況之前，如果能夠對距離活動舉辦地最近的救援服務機構並對該機構的工作要求有良好的了解，則對風險控制將會有很好的作用；當然向外部救援中心求助是因為目前的情況超出了活動工作人員力所能及的範圍，同時也意味著對這些救援服務機構的管理已經超出了活動管理者的控制範圍了，因此對指揮鏈的理解也就變得非常重要。

　　d. 設計備份和替代方案，也就是一旦有什麼事情出了差錯，可以透過使用替代方案來挽救整個形勢。

　　e. 分散風險，如果風險可以透過不同領域進行分散，那麼即使出了一些差錯而造成的影響也可以降低，比如有多個贊助商，就可以分散其他贊助商中途退出帶來的風險[021]。

---

[021] 但是在這裡要注意贊助商之間可能的衝突。比如國際奧委會與國際體育和休閒協會（International Sports and Leisure, ISL）有 TOP（The Olympic Partners）Programme 協議，但是由於 TOP 協議中的公司在各個國家的業務不同，並且每個國家奧委會可能與當地企業具有某種贊助關係，而這種贊助關係就可能與 TOP 夥伴對排他性的期望相衝突。

　　f. 轉移風險，就是透過將活動的某個部分轉包給其他組織，並在轉包合約中規定一個關於活動期間轉包商為自己的設備安全和員工的行為負責。

二、活動風險的確認

　　大型活動風險管理的第一步就是進行風險預測和確認。客觀地說，想要窮盡大型活動中隱含的風險是非常困難的，但是如果能夠在風險預測程序的第一步就召開風險預測會議，可能會有助於盡可能發現這些風險，為風險管理和控制打下基礎。下面就召開這樣一個會議可能涉及的基本步驟作簡要介紹。

（一）組織召開風險預測會議

　　在組織風險預測會議時首先要明確的問題是有哪些人應當參加該會議。按理說，所有的風險承擔者都應參加會議，並且他們關於活動風險的意見都應被記錄下來。但是，從實際的角度出發，應該首先確定能夠給主辦者帶來最重要資訊的活動中的領導者，他們的資訊將有利於對與活動相關的預期和未來風險的管理。一般而言，必須參加風險預測會議的人員應該包括入場管理人員、審計員、廣告宣傳管理者、電腦及資料分析人員、動物訓練者、電工、票房收入管理人員、娛樂方面的專家、餐飲經理、消防隊聯絡員、食品飲料經理、警察聯絡員等。

1. 會議召開之前

　　風險預測會議的與會人員一經確定，就應立即投入工作。在活動前分派任務有助於使與會者認識到會議的嚴肅性，並利於提高效率。

應確保與每一位與會者深入交談，從而保證所有的問卷都被收回，並且他們所提出的在其各自的領域內可能發生的風險都得到透澈的理解。一旦接到回饋，就應立即對所有被提及的風險進行總合匯編。在會議之前，要確定日程並從參會者中收集回饋。

就確認風險而言，強尼艾倫等提出了幾種有用的技術（2002）。

（1）工作結構性分解。

如果能夠根據所需的特殊技能和資源，將整個活動分解為若干個易於管理的小的工作單位則將有助於進行準確的風險確認。因為這種方法可以提供一種視覺化的計畫結構，這樣就可以非常清晰地看到在每個被獨立分割的單位中所存在的問題。當然，這種方法也可能會忽略掉那些只有在進行活動合成時才會出現的風險 —— 活動的售票問題可能本身並不存在風險，但是如果同時出現某一主要贊助商退出的話，兩相結合則可能會導致風險出現。

（2）進行活動的小規模「預演」。

在舉辦大型體育活動之前，通常會先舉行一些規模較小的活動，以便對場地、設備和其他資源進行測試。舉辦奧運會之前就常透過這樣的測試來有效地消除任何潛在的危險；許多大規模的音樂節也常在正式演出的前一天晚上舉辦一次公開的音樂會綵排以便對演奏設備進行測試。

（3）劃分內外部風險。

根據來源不同將風險劃分為內部風險和外部風險是進行更好的風險分析的有效途徑。內部風險一般出現在活動的策劃和執行階段，這些風險通常存在於主辦單位進行管理和控制的能力範圍之內。外部風險則是由活動組織範圍之外的因素引起的，需要更複雜的控制策略進行管理，並將風險控制的策略定位在盡量減輕風險造成的影響。

（4）因果倒推分析。

所謂因果倒推分析主要就是透過分析風險的影響和回溯風險的起因來發現活動中可能潛在的風險。活動管理相關方面可以根據可能出現的風險結果來參考不同活動情況找原因，然後用所列出的起因表格進行風險管理。

（5）事故報告。

幾乎所有的大型公眾活動都有事故報告文件。這個文件包括在活動手冊中，當發生事故的時候，由活動工作人員填寫。事故報告同時也是透過外推法進行活動風險評估的重要基礎。

（6）制定應急計畫。

這是進行風險分析的成果之一，一份詳細的、根據不同情況而採取不同應變措施的整體計畫方案也是進行活動控制所必須的。應急計畫應包括對風險影響的反應、相應的決策過程、指揮鏈運轉和一系列的相關行動備案。

2. 召開會議

會議日程被推敲確定並得到批准後，就可以組織召開風險預測會議了。可選擇在一個中空的方形會場中，為每個與會者準備一張卡片，將其姓名和所負責的領域列於卡片上。在夾子上應展示會議日程，而接下來的幾頁應列出與會者事先已指出的各種風險。此外，與會者還應拿到一份日程表和風險表，以及其他一些能夠在會議中有助於做出重要決策的間接資料。

活動的管理者同時也應是會議的推動者。為推動所有人的參與，首先應歡迎各個與會者並指出只有他們積極參與、提出各自的見解並積極參與如何降低風險的討論，這次會議才能取得成功。

為會議做好鋪墊之後，再回顧一下風險表，讓與會者仔細思考片刻，確定是否有認知上的差異、還有哪些風險被忽略了。

會議下一步是開始討論如何降低、控制、轉移或消除那些已列出的風險。可以讓與會者組成代表不同責任範圍的小組。例如：可以讓入場管理人員、票房收入管理者和審計員共同討論如何降低票房遭盜竊的風險或消除擅自入場的風險。這一活動可持續 15 ～ 30 分鐘。

重新集合與會者時，讓他們相互交流意見並試圖尋求集體成員的一致意見。不要急於結束這一步驟。在進入下一步驟前應確保對這一步驟予以了充分的關注。

每一項風險決策都有相應的財政影響。這時可以對各個風險在整個活動中的重要性進行排序。比如：在確定最重要的風險時，讓每個與會者為每個風險標出數字，可以用 1 代表最不重要的，5 代表最重要的。票房的失竊可能被標為 5，而下雨風險則可能被標為 1。在各個風險的重要性方面達成一致後，就可以開始集中討論被認為是最重要的風險。

3. 相關建議的會議紀錄

風險預測會議的最後一步是對會議中提出的各種建議進行整理記錄，並指定會議的後續工作組從事重要問題的後續工作。在會議期間指定一名記錄員，讓他準備會議備忘錄並在會後三日內在有關範圍進行分發。會議紀錄必須反映討論的主旨和內容，並應將得到一致認可的建議列出。

工作組負責進行其他附加的研究，以確定更好的成本更低的風險管理方法。他們的工作包括訪問其他相關專家或者在活動的風險承擔者中透過「腦力激盪法」尋求更好的解決途徑。

備忘錄同時也在保留會議的歷史紀錄方面發揮重要作用。在活動中

可能會出現一些事件，要求出示風險預測和管理程序的證據，以證明事先採取過措施試圖避免相關事件的發生。備忘錄對事前的預警進行了記錄，是很有價值的證明參考文件。

（二）安全會議及其他須考慮的事項

在允許材料供應商安裝各種設備之前，必須召開一次簡短的安全會議，提醒所有的活動風險承擔者注意組織所制定的安全方面的標準。對各風險承擔者進行書面通知，並對召開會議的必要性做出解釋。通常情況下，這次會議應在安裝開始之前進行，由活動主管者統一召開。對活動風險承擔者進行調查，了解他們在活動安全方面是否有其特定的觀點。在安全會議中可以專門詢問這些特定意見。

將一份書面日程分發給每個與會者，使他們保持對會議目標的注意。書面日程詳述對活動安全方面的各項要求，包括對暴露在外的電線的處理、保持工作區域的清潔、無菸政策以及其他一些重要問題。

了解與會者在過去 3 年中是否接受過專門的培訓。讓那些接受過訓練的人擔任活動中的首要回應者。活動的管理者必須接受過專門訓練，並能在需要時運用這些技能保護生命。

確保讓每個人在到會時簽到。這可以提供一份與會者的名單紀錄，而且如果活動中出現遲到現象時也會有所幫助。最後對會議進行總結，提醒所有的參會者這次活動的整體目標是零風險。

（三）檢查

在客人進入活動之前，進行最後一次檢查。對會場進行全面檢查，對每一個細小的錯誤進行糾正，從而確保客人的安全。全面檢查最好由

顧客、主要的設備供應商和主要的活動組領導組織進行，必要時還可以包括警察、消防員及其他相關人員。

檢查過程中，使用照相或錄影設備對已進行的糾錯進行記錄，並在合適的地方設立警示牌提醒客人注意可能發生的危險。

允許客人進入之前的全面檢查中應主要注意以下方面：①委派體系的有序性；②入場管理人員到位；③安全通道在撤退時的有效使用；④酒吧工作人員接受對付酗酒者的培訓；⑤在撤退時門不會被從內部鎖上；⑥活動場所邊緣有安全標誌；⑦電路盒貼有安全標誌。

這些只是入場前要檢查的內容中的一部分。活動組織管理方可以準備一份檢查列表對每個區域進行系統的檢查，也可以簡單地準備一些小紙條，記下活動前必需要檢查的地方。全面檢查應在活動正式開始之前一到兩小時進行，這樣可以有足夠的時間做一些必要的細微的改正。

（四）記錄和應做的努力

全面檢查中的每一步都是在告訴政府官員甚至法院陪審團活動組織管理方已經做了在所處的情況下為保證客人安全所應該做的一切工作。對風險預測、管理以及預防措施的記錄有助於證明組織管理方已在活動運行中做出了應做的努力。目標可以定為達到或超出同等類型、同等規模的活動的正常標準。以上所列的步驟將幫助組織管理方很快實現這一目標。

資料 9-1 情景分析法

情景分析法是由美國科學研究人員皮爾‧沃克（Pierr Wark）於 1972 年提出的一種風險辨識方法。它是根據發展趨勢的多樣性，透過對系統

內外相關問題的系統分析，設計出多種可能的未來前景，然後用類似於撰寫電影劇本的手法，對系統發展態勢作出自始至終的情景和畫面的描述。當一個專案持續的時間較長時，往往要考慮各種技術、經濟和社會因素的影響，對這種專案進行風險預測和識別，就可用情景分析法來預測和識別其關鍵風險因素及其影響程度。

情景分析法對以下情況是特別有用的：提醒決策者注意某種措施或政策可能引起的風險或危機性的後果；建議需要進行監視的風險範圍；研究某些關鍵性因素對未來過程的影響；提醒人們注意某種技術的發展會帶給人們哪些風險。

情景分析法是一種適用於對可變因素較多的專案進行風險預測和辨識的系統技術，它在假定關鍵影響因素有可能發生的基礎上，構造出多重情景，提出多種未來的可能結果，以使採取適當措施防患於未然。

情景分析法從 1970 年代中期以來在國外得到了廣泛應用，並產生了一些具體的方法，如目標展開法、空隙填補法、未來分析法等。

資料 9-2 外推法

外推法（Extrapolation）是一種十分有效的風險評估和分析方法，有前推、後推和旁推三種類型。前推就是根據歷史的經驗和數據推斷出未來事件發生的機率及其後果。如果歷史數據具有明顯的週期性，就可據此直接對風險做出週期性的評估和分析，如果從歷史紀錄中看不出明顯的週期性，就可用分布函數來擬合這些數據再進行外推，此外還得注意歷史數據的不完整性和主觀性。在手頭沒有歷史數據可供使用尤其是一次性和不可重複性專案時則多採用後推法，後推是把未知的想像的事件及後果與一已知事件與後果連繫起來，把未來風險事件歸結到有數據可

查的造成這一風險事件的初始事件上，從而對風險做出評估和分析。旁推法就是在充分考慮環境的各種新變化前提下，利用類似專案的數據或歷史紀錄對新專案可能遇到的風險進行評估和分析。

三、獲取保險費

保險是用來將風險轉移到第三方（即保險商）的一種手段。許多供應商要求活動管理者或組織保有每次事件至少 100 萬美金的保險賠償金 [022]。複雜性高、風險性大的活動就要求較高的保險限額。

（一）確定適當的保險費用

在尋求正確的保險以最小化風險之前，應該要用充足的時間進行調查並安排正確的保險專案，包括詢價、進行專業諮詢。為此最好能確定一名好的保險經紀人以提供關於活動所需險種的專家建議。在活動中較有代表性的保險產品包括汽車險、醫療險、董事會的責任險、業務中斷險、取消險、人壽險、義工個人意外事故險、職工賠償險、公共責任險、天氣險和財產險等 [023]。在與供應商協商決定投保的級別之後，還需要一名專業保險經紀人提供更為深入的建議。

一名專業保險經紀人有與活動管理相應的專門的保險產品及服務的豐富經驗。例如：一些大的公司為地方性遊行及節日慶典等活動的參與者提供專門的保險產品。他們在為各類活動的特定風險提供建議和諮詢方面很有經驗。

在徵求過兩名以上的保險經紀人的意見並確定活動所需險種之後，

---

[022] 活動組織管理方應該盡可能避免供應商轉嫁的風險，為此應要求所有供應商提供保險證明。
[023] 同時要確保這些險種的有效期限與活動的全部運行時間相一致。

就可以請每個經紀人提供報價。經紀人會要求提供一份詳細的列表，其中包括整個活動的日程紀錄、可能發生的事故（比如煙火事故等）以及其他重要資訊。經紀人會將這些資訊提交給數名保險商，然後為活動組織管理方提供一個報價。

　　成本效率最高的保險費用是年度整體保險責任計畫。一些活動的管理者每年只付 2,000 美金就可以得到保險商對多種風險的賠償。另有一些活動管理者以每個活動為基礎來付保險費。保險經紀人會幫助決定特定的大型活動中究竟最適合採用哪種體系。

　　保險還應該考慮參與活動的客人或其他人員，這些人群的保險主要透過加保條款解決。加保條款是指如果由於其他原因而發生事故，保險將負責對加保專案的賠償。在同意加保之前，應同保險經紀人就其額外費用及合理性問題進行商討。同時你也可以要求對方在其保險單中對你實行加保。

（二）保險範圍外專案

　　每一份保險單都要將賠償範圍之外的風險明確列出。必須與經紀人進行協商並仔細檢查保險單，確保活動的賠償範圍沒有錯誤。例如：如果活動中使用了煙火，而它卻在目前的賠償範圍之外的話，你就可以對活動進行額外加保。

（三）事先已有的保險範圍

　　購買保險之前，檢查事先已有的賠償範圍。活動中的一些相關風險可能已經包括在賠償範圍之內。在進行檢查時，專業保險經紀人會提供關於活動賠償範圍的建議。

四、風險控制

（一）對盜竊行為的預防

防止盜竊行為的最佳策略是進行責任劃分。現金處理、押金等方面的事務須由兩名以上的員工專門負責。

（二）現金

現金交易必須細緻精確。建議準備一本專門的現金事務情況記錄本。即使是很小數目的現金也會累積成很大的一筆錢。每個專門負責現金事務的人員都應有不定期的休假期，用來檢測該員工的工作情況。工作情況良好的員工將被繼續僱用，而有違法行為的員工則要被解僱。

（三）財產清單

防止財產丟失的一個重要方法是將財產管理的特定程序結合起來。儲存設備應在監控之中，由兩名員工專門負責此事。所有的財產支出紀錄都應保存下來並進行不定期的檢查。在即時電腦系統中，財產一經支出就應使其條碼進入系統。

作為活動管理者，必須親自批准所有的設備毀壞及其更新，活動管理組織需要分析其毀壞程度。對所有持續性的非正常情況都必須進行深入調查分析。對庫存量應進行有規律地實測。短缺部分應重複檢查，將其與可接受的短缺程度相比較。

（四）版權

一些活動管理組織的資產分別有其相應的品牌。這是他們對活動的良好期望的重要組成部分。任何活動管理組織都必須保護其品牌。活動

的專門人員應請教版權和智慧財產權專家，以評估在活動範圍內可能出現的相關問題。所有活動組織的品牌名稱和標誌都應包括清楚的版權符號和警告性陳述。

（五）環境保護

1992 年聯合國環境與發展大會之後，環境保護成了許多商業活動關注的問題。國際奧林匹克委員會及所屬各單項體育協會和各國奧委會也就環境問題簽署了相關文件，並在繼將體育和文化蘊含到奧運會中後，進一步蘊含進了「環境」的主題。汙染、危險物的排放等環境問題也就成了一個非常重要的風險問題，為此 1996 年亞特蘭大奧運會、2000 年雪梨奧運會都進行了嚴格的廢棄物管理[024]，亞特蘭大奧運會 50% 的廢棄物得到了積極處理，這一比例在雪梨奧運會時達到了 70%。

五、管理風險的責任

大型活動風險管理領域的發展非常迅速，以至於在社會職業中出現了專門的風險管理專家。規模大的活動往往需要專門的風險管理專家對整個活動從風險角度進行管理。當然，對大多數活動而言，活動經理往往同時也是風險經理。作為風險經理，必須建立一個能夠幫助自己進行風險確認並管理風險、從而改善活動的進行的風險管理團隊。

---

[024] 雪梨的環保控制方案中包括：強制供應商和承包商實施環保方針；將運動場所集中在幾個密集的區域內；使用節約能源的設計和材料；最大限度地利用可再生能源；實行減少和避免廢棄物的最佳做法；在可行的領域使用無毒物質；為節約紙張盡可能實施無紙化傳遞資訊並輔以紙張回收方案等。

第二節　大型活動的合約管理

在現代，大多數活動都存在著隱患，而這些隱患可能會導致耗時且耗費財力的訴訟。隨著專業化管理的活動數量的增加，人們對風險管理以及其他的法律和道德問題的關注也在加大。在 1970 年代中期，美國舉辦了許多活動以慶祝美國獨立 200 週年。那時，大多數活動都是由非專業人士組織的。由於對風險管理缺少相關的理解與培訓，法律界因此對由專案經理的疏忽而引發的訴訟案件發生了興趣。這一情況持續至今，但有一點發生了顯著的變化，那就是專案經理們開始以一種較為謹慎的態度對待法律、道德和風險管理問題。

國際事件行銷集團（IEG）出版了一本名為《活動贊助終極指南》（*The Ultimate Guide to Event Sponsorship*）的合訂本，其內容囊括了這一複雜領域內的所有相關法律問題，提供了美國的各類論壇、專門學術會議、體育賽事的情況，涵蓋了與活動管理相關的法律、道德和風險管理領域的最新發展。也許這一變化最有力的證明是可選擇性的實施爭議解決計畫，這將有助於避免訴訟對時間和財力的耗費。事實上，這個模式已經不僅僅用於發生疏忽的情況下了，而是用於教育和採取先期行動以減少風險和活動舉辦方的花費。

▓ 一、活動必須遵守法律規定

　　在美國及其他一些國家，多數公共活動都要求持有特定的官方許可證。參加人數越多，技術複雜性越大，政府的監管通常就越嚴格。政府審查可以由地方、州、省或者聯邦代理機構進行。一項活動必須遵照現有的法律制度進行，這主要是基於保護人們的法律權益；遵照道德通則；確保活動的利益相關者的人身及財產安全及保證財務安全等方面的考慮。

（一）保護法律權益

　　為確保活動進行順利，應事先備好合約，對所需的執照和許可證進行研究，並遵照其他的法律要求。合約或協議可以小到一封簡單的簡訊或備忘錄，也可以複雜到一份帶有許多頁附件的文件。專案經理應該很好地利用專業法律顧問的服務，就所有標準化合約（如飯店合約）的審核向他們進行諮詢，從而在執行之前確保合約的有效性。此外，在簽署一項新的協議時，地方法律顧問必須確保合約符合合約簽署與執行地的管轄權限範圍內的法規。因此，在活動舉辦地或訴訟案件發生地選擇當地律師界的專家是很重要的。

　　大多數執照和許可證將由地方代理機構頒發，明智的專案經理會對以往的類似活動進行詳細的調查，確定一般情況下活動所要求的執照和許可證。

　　執照和許可證頒發過程可能持續幾週甚至幾個月，所以專案經理必須仔細調查活動舉辦地的情況，從而符合該權限範圍的時間要求。執照和許可證費用只是象徵性的，但一些較大型的活動以及風險較高的活動會向主辦者徵收較高的費用。

我們必須說服我們的活動風險承擔者，讓他們了解遵從法律的重要性和獲取所有必須的執照與許可證的必要性。其主要原因如下：

◆ 法律要求專案經理持有特定的執照和許可證，否則會被罰款甚至取消舉辦活動的資格。

◆ 在信用方面，對活動風險承擔者負有計劃、準備和提供關於符合法律要求的證明的責任，不與法律要求保持一致會導致難以挽回的經濟損失。

◆ 從道德方面來看，我們有責任遵守所有的政府法規，並提供書面協議。

◆ 儘管口頭協議也具有約束力，但書面協議通常優先執行，因為它為協議各方提供了與活動相關的明確的條款、條件以及其他的重要因素。

◆ 專案經理的一個重要責任就是為活動的舉辦提供安全的環境。

儘管北美國家的法律法規相對多得多，但其他國家也在迅速加強這方面的控制，以確保活動的安全與合法性。

（二）遵守道德通則

大型活動行業的界定本身就需要與道德行為規則緊密相連。隨著活動管理作為一門行業出現，國際事件行銷集團頒布實行了一套道德規範，同時許多相關行業組織，如國際會議專業人員組織也頒布實行了獨立但是與之相類似的法規。這種道德規範既不同於那種類似於《聖經》的道德準則，也不同於由政府部門投票產生的法典。

道德規範反映了在一個專業領域和地理界限內的標準性和常規性的東西，但在不同的條件下使用時，可以根據需要進行一定的變通。例如：

當活動涉及與旅館飯店之間簽定相關協議的情況下，一個旅館經營者在第一次見面時為一名專案經理提供了免費的午餐，是否可以據此推斷這是對專案經理的賄賂而因此拒絕？活動的法律程序專家多會建議專案經理在第一次與旅館經營者見面時保證自己為午餐付費。這樣可以使旅館經營者準確理解他與活動專案經理之間的關係是平等的，是一種商業交易；同時這也為將來的談判和關係的建立立下了道德標準。

　　儘管許多專業團體都以一種令人不滿的方式強制實施其道德規範，但在大多數情況下，決定使用道德規範作為行為嚮導依然取決於專案經理本身。對此問題，專業人士的建議是讓活動專案經理們採用「社媒頭條」原則 ── 問問是否願意早上醒來時看到自己的決定和行為被刊登在社群媒體的頭條，這可能會幫助活動專案經理很快地判斷自己準備採取的行動對個人和整個活動組織管理方而言是否合適。

（三）確保活動利益相關者的人身和財產安全

　　正如前文所述，活動組織管理者最重要的也是首位的風險控制目標就是提供一個安全的環境 ── 無論在法律上還是道德上都對活動風險承擔者負有創建和保持安全可靠的環境的責任。安全可靠的活動環境應該遠離危險。專案經理可以增加邀請人數，也可以應他人的要求和建議對活動進行調整。但是，專案經理不能將這項職責轉嫁他人，而應該負責創建安全可靠的環境並在活動中全程予以保持。

（四）保證財務安全

　　一項活動的法律、道德和安全方面的情況能夠戲劇性地影響到活動的盈虧狀況。因此，每做出一項主動的先期行動，就可能在一定程度上

降低財務方面不可預期的風險。儘管並非所有的意外事件都可以預測，但是在計劃採取策略性先期措施以防範意外事件上表現得越內行，最終的資產負債表上所展現的盈利就會越多。也就是說，越全面地採取法律、道德和風險管理等先期措施，則越有助於幫助活動獲取更多的收益；反之，如果沒能遵守法律、道德規範和進行風險管理，則往往會造成人身、財產和信譽的嚴重損失。

二、活動管理合約的主要構成

活動管理合約反映了合約雙方或多方所達成的一致理解和協議。一個具有約束力的合約必須包括以下一些主要構成部分：

（一）合約方

合約各方的姓名必須清楚，協議必須在合約方之間達成，且合約各方的身分必須明確。標準的活動管理協議一般在專案經理與他的客戶或者專案經理與其供應商之間達成。其他合約可能在活動專業人員與保險公司、娛樂公司或者銀行及其他貸款機構之間達成。

（二）要約

要約是指一方向另一方主動要求提供產品或服務。專案經理可以向客戶提供諮詢服務，供應商可以向專案經理提供產品。要約應該列出活動專業人員主動提供的所有服務。任何對資訊的誤傳都可能導致今後耗費財力的訴訟。

（三）承諾

這一條款規定了接受要約的一方提供給另一方什麼。

（四）接受要約

當雙方均表示接受時就簽署並執行協議，證明他們同意並遵循協議的各項條款。

（五）其他構成部分

合約的主要構成部分是合約方、要約、承諾和接受要約，但通常管理協議還包括許多其他條款和構成部分，其中最具有代表性的條款如下：

1. 期限

期限條款規定了資金將在何時以何種方式交予要約人。如果活動管理者提供了諮詢服務，就可以要求客戶事先交納一筆保證金，然後再在每月的規定日期按月付費。這些期限條款規定了協議有效的財務條件。

對於一些大型活動，應在規定的具體期限內付款。在大型活動情況下，或者其他複雜的支付協議中，合約應附有一份獨立的付款日程，並作為合約的一部分，合約雙方應在付款日程上簽名並註明日期。如果付款期限條款中提到預付款，就應該特別注意對活動取消時預付款如何退還的規定。例如：預付款是以期貨交易的方式在一定期限內償付，還是以現金形式付清。

在活動管理行業內，活動專業人員越來越關注如何降低內部和操作的風險，以提高企業的利潤率。內部風險包括失竊、漏損和智慧財產權保護。活動專業人員必須與員工共同工作，監督工作程序以降低內部風險。

2. 取消

活動總是存在著被取消的可能性。因此，很有必要為這樣的偶然事件提供一個詳細的取消條款。通常，取消條款規定在何種情況下哪一方可以取消活動、如何進行通告（一般為書面）以及給予怎樣的賠償。

3. 不可抗力

在不可抗力條款中，合約雙方達成協議，在發生人力所不可控制的情況時，允許取消活動而不必進行賠償。規定不可抗力條款必須反映最常見的和可預測的，包括颱風、地震、海嘯、火山噴發、龍捲風、饑荒、戰爭或其他災難。

4. 仲裁

活動管理協議按照慣例包括一個允許雙方在不能達成一致的情況下使用仲裁的條款。一般來說，使用仲裁的費用比傳統的訴訟要少得多。

5. 宣傳廣告

由於許多活動包含了演藝人員或劇院演出，因此協議必須規定演藝人員將如何在廣告或宣傳中列出。

6. 時間條款

時間條款告訴雙方協議只有在規定期限內簽署才有效。通常這一條款用於防止要約人因購買方延後執行購買行為而受到經濟損失。

7. 轉讓

由於員工在組織內的任職期限變得越來越短，協議包含規定合約不能轉讓給他人的條款也就變得越來越重要了。例如：如果張三從 A 公司

離職，協議雙方是 A 公司和要約人，而不會轉至張三的接替者。因此，張三是代表 A 公司執行協議。

8. 保險

通常協議會詳細規定雙方必須投保的險種和限制以及雙方相互投保的要求。一些協議要求附有保險單的文件，保險單在活動進行之前規定合約另一方為附加被保險人。

9. 保持不受損害及賠償金

在任何一方所導致的活動偶發事件中，疏忽的責任方同意付損害賠償金以保證另一方利益不受損害。

10. 信譽

對一項活動的組織反映了活動舉辦方和發起人的個人判斷力或偏好，因此一些專案經理會透過一項有關認可購買方 —— 活動組織和管理服務的購買者 —— 信譽的重要性的特別條款，並聲明會盡力在活動管理過程中維護信譽。

11. 達成的協議

一般地，達成的協議是指雙方達成完全共識後所形成的最終條款和陳述。

（六）附件

附件是合約主體的附屬物，通常列出支持合約主題的重要組成部分，可能包括音響設備、照明設備及勞動力、食品飲料、交通、演藝人員的住宿或其他重要的除演藝人員勞務費之外的金錢方面的報酬。如果

忽略了這個條款，則甚至有可能會造成整個活動無法正常運行。附件應附在合約主體之後，必須經草簽或由雙方分別簽名以示同意。

（七）合約的變更

多數合約在執行之前都要進行進一步磋商，執行的結果也會發生變化。如果只是發生了兩三個不重要的變化，你可以選擇在另一方繼續執行協議之前進行草簽和註明日期，這代表你接受了這一變化，但在正式簽字之前並不具有強制性的約束力。如果是重要的變更（如時間、地點、費用）或者變更數在三個或以上，則最好簽署一個新的協議。

（八）執行期限與次序

首先，一定要求購買方（活動組織和管理服務的購買者）在活動經理（活動組織和管理服務提供者）正式簽字之前簽署協議。一旦雙方簽字，合約即正式生效。如果活動經理在合約另一方之前簽字，然後另一方進行變更後再簽字，則作為活動組織與管理服務的供給者在一定程度上受約束於那些變更。要求購買方在活動經理之前簽字是比較明智的做法。

其次，不要使用文件。如果需要對簿公堂，法院通常會要求原始文件。臨時性的合意備忘錄可以使用文件，但有法律效力的協議必須是原件。

第三，親自簽署協議。告訴購買方協議所包含的條款都具有法律強制力，正如同合約簽署人的正直性。鑑於雙方共同執行一項協議，請與對方友善攜手完成。

三、其他協議

除了大型活動的諮詢協議外，專案經理可能還要準備並處理其他種類的協議。下面是幾種典型的專案管理協議。

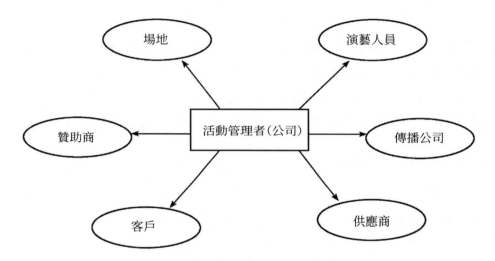

圖 9-1 活動組織管理方的協議關係簡圖

◆ 諮詢協議：協議中一方（通常是專案經理）同意向另外一方提供諮詢服務，包括調查研究、設計、規劃、評估等多方面服務。

◆ 僱用協議：協議中員工同意僱用的具體條款。

◆ 參展合約：參展個人和展覽會的贊助商之間訂立的在展覽會期間租用某個展位的協議。

◆ 飯店合約：飯店和活動主辦方訂立的，為某一活動或一系列活動提供客房、功能場所和其他服務（食物和酒水）的協議。

◆ 非競爭協議：員工同意在僱傭合約終止後，在某一具體區域或市場上，在某一時間段內從業不與原企業構成競爭。

◆ 贊助協議：贊助商與活動舉辦方訂立的，組織者同意向贊助商提供某種市場服務並獲取一定的報酬的合約。

◆ 賣方協議：賣方與專案經理或客戶訂立的為某個活動提供某種產品或服務的協議。

這些協議的目的是保證一個活動的專業化運作。如果要確認所有需要的協議，應和其他專案組織者、當地官員以及供應商進行核對，以確保重要的文件在活動開始前已經落實。

資料 9-3 傳播合約的關鍵要素

◆地域或地區

傳播區域是本地還是本國或者國際傳播等必須註明。如果附表中寫明的區域是全球，則活動主辦單位就必須非常清楚傳播商所擁有的權利以及它的價值。

◆擔保

最重要的就是關於只有活動主辦單位才有權對整個活動簽約的聲明。例如：某些地方當局要求為在該地區進行傳播繳納附加費；另外，演出方對演出擁有版權，不允許傳播單位未經書面同意進行錄影和出版；喜劇演員和市場行為發言人對傳播和錄音尤為敏感。

◆贊助商的地位

當涉及不同級別的贊助關係時就有可能會面臨困難。有時，活動贊助商的權利與傳播贊助商的權利有可能發生衝突。

◆節目重播、精選、從屬證書

　　該條款決定了傳播可以重複的次數、傳播商是否可以對節目進行編輯和精選、可以使用多少素材。活動主辦單位可能會與一家傳播商簽定合約，結果卻發現活動的大部分傳播權已經賣給另一家傳播商了。另外，從屬證書條款可能會廢除合約中的許多其他條款。從屬證書的持有人就可以啟用自己的贊助商，如果這與活動贊助商發生正面競爭，那麼就會出現問題。

◆銷售計畫

　　合約中可能會設立條款對傳播產生的附加產品的權利進行規定。對錄影的所有權和銷售是一個活動的主要收入來源。近來在此類合約中新增了一個條款，對未來的銷售系統進行了規定。如果合約中包含了對活動主辦單位來說未知的條款，則簽名就可能放棄了對活動的未來權利，這是非常容易忽略的。這時尋求專業的法律幫助是明智的。

◆採訪

　　傳播有進行實際採訪的需求。這必須是活動籌備和物流規劃的一部分。傳播商可能會要求對演出方和名人進行採訪，這樣做很容易把活動搞砸。應該詳細規定傳播公司採訪明星們的次數，這一點非常重要。

◆謝啟

　　這在一開始就確定了在字幕和謝啟表中將列出的人和企業單位。

四、許可證

許可證一般由相應的政府機構頒發，允許活動舉辦方在專案中進行某種具體的活動（見表 9-1）。由於可能在提交了必要的文件並且支付一定款項後才能獲得許可，故應該為此留出足夠的時間。當然，事先要弄清頒發機構需要哪些文件、怎樣付款等細節規定。

表 9-1 專案管理許可和許可獲取地點（美國為例）

許可	來源
賓果	博彩部門
食品加工	衛生部門
彩券	博彩部門
用地	消防部門
停車場	交通部門
公園使用	公園部門
公共集會	公共安全部門
煙火	消防部門
銷售稅	稅收部門
占用街道	交通部門

要注意的是，這些許可不是自動頒發的。許可說明的只是在活動舉辦方遵循已有條款的前提下，該機關允許專案組織機構進行某種活動而已。因此在申請這些許可前要確認自己能否遵守這些條款。當然，在沒有得到某個許可的情況下活動舉辦方也可考慮起訴 —— 專案經理為獲得活動的許可對某個機關進行起訴。然而，因為大部分的專案經理都是靠當地機構的真誠合作才能成功舉辦活動，所以訴諸法律是最後的手段。

五、執照

執照是由政府機構、私立組織或公共實體頒發的，允許活動舉辦方進行某種活動的證明。在某些領域許可與執照的區別是微乎其微的。通常要獲得執照會更嚴格，並且在保證前要做出相應的努力。

下表 9-2 列出了一般活動所需的執照和它們的來源。究竟是否需要更多的執照需要視活動的性質、規模等情況而定。在確定究竟需要哪些執照的問題時需要考察活動的歷史、與類似活動的組織者核對並與相關的頒發執照的部門進行確認。

表 9-2 專案管理執照和執照獲取地點（以美國為例）

執照	來源
酒精	酒精飲料銷售控制中心
營業	經濟發展部門
食品	衛生部
音樂	美國作曲家協會、作家協會、出版協會、廣播音樂公司
煙火	酒精管理部門、菸草管理部門、武器管理部門、消防部門

資訊的最佳來源之一是賣主。對賣主加以審核，尤其是在技術領域，並且決定其是否需要執照，或者說專案經理是否必須獲得執照。

對於一些專案許可證和執照都是必須的。專案越大，它所需要的執照和許可證就越多。需要記住的是執照和許可證是政府為了保護自身利益而設立的障礙。為使整個專案順利運行，就要與這些相關機構密切合作，從而了解它們的流程、監督機制等。

六、合約、許可證和執照的關係

　　專業專案經理了解並且運用他們的優勢，仔細起草並將實施的合約與相應的執照和許可證進行協調。這是一個現代專案的職業運作都必要的三個基本工具。當制定一項新協議的時候，應事先決定由誰來接收負責許可證和執照並且將其在協議中加以規定，否則，整個專案會受到影響並影響各個股東的利益。

　　因此，應在計劃階段仔細對各個執照和許可證做好研究，從而決定這一步驟的負責人。在專業諮詢協議和銷售協議中都要包括這些資訊。因為執照和許可證在大多數專案中都是不可缺少的，也就要求專案經理最大限度地予以重視，也就是說即使是對很小風險的預防（風險管理）也要採取很詳細的措施。在計劃階段對將來的許可證程序進行研究然後在協調階段將這兩個重要部分在專案管理程序內加以整合。

　　合約、許可證和執照在法律、道德和風險管理中具有分歧，為保證其影響是積極的，專案經理必須了解其重要性，不斷與相關機構保持連繫同時準備並且執行有效的合約。

◆專業詞彙

　　活動風險；活動風險管理；風險迴避；風險控制；風險自留；風險轉嫁；風險確認；活動管理合約

◆思考與練習

- ◆ 什麼是活動的風險？請舉例說明。
- ◆ 試根據活動風險的性質說明你對活動風險管理的方式的理解。
- ◆ 收集以前某次或某幾次奧運會的資料，試分析 2028 年 LA 奧運會可能面臨的風險。

◆ 活動風險管理中合約的主要內容是什麼？

◆ 試分析在活動風險管理中合約管理要注意的相關問題，以案例
  說明。

◆ 2028 年 LA 奧運會後，場館以及其他設施可能會出現閒置現象，請
  成立研究團隊設計一個相關解決方案。

大型活動的組織與管理（第二版）：
專案企劃 × 現場勘驗 × 時間協調 × 人資流動 × 市場行銷 × 風險控制，首次舉辦展覽就上手

主　　　編：杜學
發 行 人：黃振庭
出 版 者：崧燁文化事業有限公司
發 行 者：崧燁文化事業有限公司
E - m a i l：sonbookservice@gmail.
　　　　　　com
粉 絲 頁：https://www.facebook.
　　　　　　com/sonbookss/
網　　　址：https://sonbook.net/
地　　　址：台北市中正區重慶南路一段
　　　　　　61 號 8 樓
8F., No.61, Sec. 1, Chongqing S. Rd.,
Zhongzheng Dist., Taipei City 100, Taiwan

電　　　話：(02)2370-3310
傳　　　真：(02)2388-1990
印　　　刷：京峯數位服務有限公司
律 師 顧 問：廣華律師事務所 張珮琦律師

定　　　價：450 元
發 行 日 期：2024 年 06 月第二版
◎本書以 POD 印製
Design Assets from Freepik.com

國家圖書館出版品預行編目資料

大型活動的組織與管理（第二版）：
專案企劃 × 現場勘驗 × 時間協調
× 人資流動 × 市場行銷 × 風險控
制，首次舉辦展覽就上手 / 杜學 主
編 . -- 第二版 . -- 臺北市：崧燁文化
事業有限公司 , 2024.06
面；　公分
POD 版
ISBN 978-626-394-357-5(平裝)
1.CST: 組織管理
494.2　　113007362

電子書購買

爽讀 APP

臉書